Absar Saleh
Arsalan Aslam
Mosa Raza

# Projeto de uma instalação subterrânea de gaseificação de carvão para o carvão de Thar

Absar Saleh
Arsalan Aslam
Mosa Raza

# Projeto de uma instalação subterrânea de gaseificação de carvão para o carvão de Thar

## Manual de projeto de instalações

ScienciaScripts

**Imprint**



Cover image: www.ingimage.com

This book is a translation from the original published under ISBN 978-3-659-74533-1.

Publisher:
Sciencia Scripts
is a trademark of
Dodo Books Indian Ocean Ltd. and OmniScriptum S.R.L publishing group

120 High Road, East Finchley, London, N2 9ED, United Kingdom
Str. Armeneasca 28/1, office 1, Chisinau MD-2012, Republic of Moldova, Europe
Printed at: see last page
**ISBN: 978-620-8-24555-9**

# Índice:

AUTORES
Absar Saleh
Arslan Aslam
Syed Mosa Raza Zaidi
Departamento de Engenharia Química,
Instituto COMSATS de Tecnologia da Informação de Lahore.

PRODUÇÃO DE ELECTRICIDADE A PARTIR DE
CARVÃO SUBTERRÂNEO DO THAR
GASIFICAÇÃO

# Agradecimentos

Exprimimos a nossa profunda e cordial gratidão e reunimos toda a nossa paixão e sentimentos humanos para mostrar gratidão ao nosso respeitado e erudito Supervisor, **"Prof. Dr. Moinuddin Ghauri"**, pelas suas sugestões construtivas, pelo seu grande interesse, pela sua orientação académica, pela sua atitude simpática e pelos seus modos plácidos e admiráveis de ouvir os problemas encontrados. Estas qualidades foram a verdadeira fonte de inspiração para nós durante todo o projeto.

A pressão e a carga de trabalho foram imensas, mas uma extensa pesquisa bibliográfica com referências dadas pelo nosso supervisor e a assistência de outros membros do corpo docente tornaram-nos melhores e mais práticos engenheiros. Além disso, os nossos superiores de departamento guiaram-nos para as fontes corretas quando foi necessário. Aproveitamos esta oportunidade para agradecer a todos aqueles de quem beneficiámos e que nos ajudaram a passar para o nível seguinte da nossa carreira e da nossa vida em geral.

Gostaríamos de dedicar este livro especificamente aos nossos pais!

# Resumo

O Paquistão está a enfrentar uma crise energética no país e a jazida **de carvão de Thar** tem potencial para resolver o problema da procura de energia nesta situação difícil. A jazida de carvão de Thar é o ouro negro do Paquistão e pode desempenhar um papel fundamental no desenvolvimento do país se for utilizada de forma eficaz. O principal problema da jazida de carvão de Thar é a exploração mineira. Não é viável devido à profundidade e ao aquífero de água acima e abaixo do veio de carvão. A gaseificação subterrânea do carvão pode ultrapassar os problemas de extração dos recursos e esta tecnologia permite obter o máximo de carvão possível.

Este projeto de conceção de instalações representa a conceção da produção de gás de síntese por gaseificação subterrânea de carvão utilizando 24 toneladas por dia de carvão de Thar. A gaseificação subterrânea de carvão (UCG) converte o carvão in situ (subterrâneo) num produto gasoso, normalmente conhecido como gás de síntese ou syngas, através das mesmas reacções químicas que ocorrem nas instalações convencionais de gaseificação à superfície. A UCG é utilizada para recursos carboníferos não exploráveis, muito profundos ou com veios de carvão finos.

Para produzir gás de síntese, o oxigénio é injetado na camada de carvão através de um poço de injeção e a reação tem lugar na camada de carvão, sendo o gás de síntese produzido a 1200 K e a alta pressão e recolhido através de um poço de produção. O gás de síntese produzido por este processo contém impurezas sob a forma de

$H_2S$, $N_2$, $CO_2$ e partículas sólidas. O gás de síntese passa por diferentes processos de separação, como o separador de ciclones, o depurador e o absorvente, para ser purificado para outros fins úteis.

O processo foi selecionado devido à sua flexibilidade, versatilidade, facilidade de operação e simplicidade de construção, baixo custo de manutenção, segurança e postura ambiental, etc. No projeto, o equilíbrio dos materiais é baseado no equilíbrio elementar.

**Autores**

*Absar Saleh*

*Arslan Aslam*

*Syed Mosa Raza Zaidi*

Exprimimos a nossa profunda e cordial gratidão e reunimos toda a nossa paixão e sentimentos humanos para mostrar gratidão ao nosso respeitado e erudito Supervisor, **"Prof. Dr. Moinuddin Ghauri"**, pelas suas sugestões construtivas, pelo seu grande interesse, pela sua orientação académica, pela sua atitude simpática e pelos seus modos plácidos e admiráveis de ouvir os problemas encontrados. Estas qualidades foram a verdadeira fonte de inspiração para nós durante todo o projeto.

A pressão e a carga de trabalho foram imensas, mas uma extensa pesquisa bibliográfica com referências dadas pelo nosso supervisor e a assistência de outros membros do corpo docente tornaram-nos melhores e mais práticos engenheiros. Além disso, os nossos seniores do lote guiaram-nos para as fontes corretas quando foi necessário. Aproveitamos esta oportunidade para agradecer a todos aqueles de quem beneficiámos e que nos ajudaram a passar para o nível seguinte da nossa carreira e da nossa vida em geral.

O Paquistão está a enfrentar uma crise energética no país e a jazida **de carvão de Thar** tem potencial para resolver o problema da procura de energia nesta situação difícil. A jazida de carvão de Thar é o ouro negro do Paquistão e pode desempenhar um papel fundamental no desenvolvimento do país se for utilizada de forma eficaz. O principal problema da jazida de carvão de Thar é a exploração mineira. Não é viável devido à profundidade e ao aquífero de água acima e abaixo do veio de carvão. A gaseificação subterrânea do carvão pode ultrapassar os problemas de extração dos recursos e esta tecnologia permite obter o máximo de carvão possível.

Este projeto de conceção de instalações representa a conceção da produção de gás de síntese por gaseificação subterrânea de carvão utilizando 24 toneladas por dia de carvão de Thar. A gaseificação subterrânea de carvão (UCG) converte o carvão in situ (subterrâneo) num produto gasoso, normalmente conhecido como gás de síntese ou syngas, através das mesmas reacções químicas que ocorrem nas instalações convencionais de gaseificação à superfície. A UCG é utilizada para recursos carboníferos não exploráveis, muito profundos ou com veios de carvão finos.

Para produzir gás de síntese, o oxigénio é injetado na camada de carvão através de um poço de injeção e a reação tem lugar na camada de carvão, sendo o gás de síntese produzido a 1200 K e a alta pressão e recolhido através de um poço de produção. O gás de síntese produzido por este processo contém impurezas sob a forma de

$H_2S$, $N_2$, $CO_2$ e partículas sólidas. O gás de síntese passa por diferentes processos de separação, como o separador de ciclone, o purificador e o absorvente, para ser purificado para outros fins úteis.

O processo foi selecionado devido à sua flexibilidade, versatilidade, facilidade de operação e simplicidade de construção, baixo custo de manutenção, segurança e postura ambiental, etc. No projeto, o equilíbrio dos materiais é baseado no equilíbrio elementar.

**Autores**

Absar Saleh
Arslan Aslam
Syed Mosa Raza Zaidi

# CAPÍTULO 1

**Introdução**

## 1.1-Carvão

**O carvão** é um **combustível fóssil** criado a partir dos restos de plantas que viveram e morreram há cerca de 100 a 400 milhões de anos, quando partes da terra estavam cobertas por enormes florestas pantanosas. O carvão é classificado como uma fonte de energia **não renovável** porque leva milhões de anos para se formar.

A energia que obtemos atualmente do carvão provém da energia que as plantas absorveram do sol há milhões de anos. Todas as plantas vivas armazenam energia solar através de um processo conhecido como fotossíntese. Quando as plantas morrem, esta energia é normalmente libertada quando as plantas se decompõem. No entanto, em condições favoráveis à formação do carvão, o processo de decomposição é interrompido, impedindo a libertação da energia solar armazenada. A energia fica retida no carvão. [-1]

## 1.2- História do carvão

Os geólogos acreditam que os depósitos subterrâneos de carvão se formaram há cerca de 250-300 milhões de anos, quando grande parte da Terra estava coberta de pântanos com densas florestas e plantas. À medida que as plantas e as árvores morriam, afundavam-se sob a superfície húmida da Terra, onde a insuficiência de oxigénio abrandava a sua decomposição e levava à formação de turfa. Novas florestas e plantas substituíram a vegetação morta e, quando as novas florestas e plantas morreram, também se afundaram no solo pantanoso. Com o passar do tempo e a consequente acumulação de calor, as camadas subterrâneas de vegetação morta começaram a acumular-se, tornando-se fortemente compactadas e comprimidas, dando origem a diferentes tipos de carvão, cada um com uma concentração de carbono diferente: antracite, carvão betuminoso, carvão sub-betuminoso e lenhite.

**Departamento de Engenharia Química**

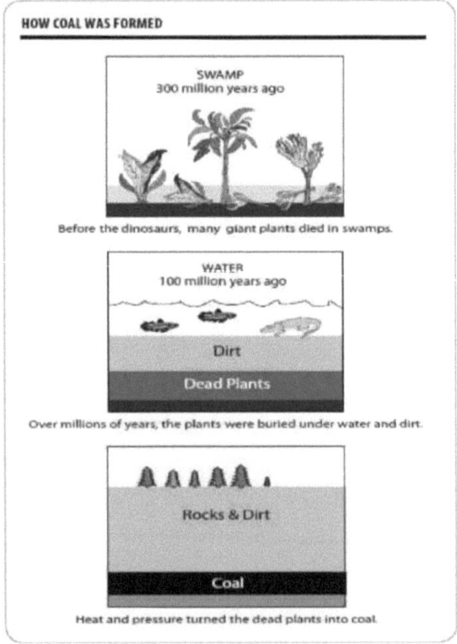


**Fig. 1**

O geólogo inglês William Hutton (1798-1860) chegou a esta conclusão em 1833, quando verificou, através de um exame microscópico, que todas as variedades de carvão continham células vegetais e eram de origem vegetal, diferindo apenas na vegetação que as compunha. Devido à sua origem em matéria viva antiga, o carvão, tal como o petróleo e o gás, é conhecido como um combustível fóssil. Ocorre em veios ou veias em rochas sedimentares; as formações variam em espessura, com as de minas subterrâneas com 0,7-2,4 metros (2,5-8 pés) de espessura e as de minas de superfície, como no oeste dos Estados Unidos, às vezes com 30,5 metros (100 pés) de espessura.

Até ao século XX, os químicos sabiam muito pouco sobre a composição e a estrutura molecular dos diferentes tipos de carvão e, ainda nos anos 20, continuavam a pensar que o carvão era constituído por carbono misturado com impurezas que continham hidrogénio. Os seus dois métodos de análise ou separação do carvão nos seus componentes, a destilação destrutiva (aquecimento fora do contacto com o ar) e a extração por solvente (reação com diferentes solventes orgânicos, como a tetralina), mostraram apenas que o carvão continha uma quantidade significativa de carbono e percentagens menores dos elementos hidrogénio, oxigénio, azoto e enxofre. Os compostos inorgânicos, como os óxidos de alumínio e de silício, constituem as cinzas. A destilação produziu alcatrão, água e gases.[3]

O hidrogénio era o principal componente dos gases libertados, embora estivessem presentes amoníaco, monóxido e dióxido de carbono, benzeno e outros vapores de hidrocarbonetos. (A composição de um carvão betuminoso, em percentagem, é aproximadamente a seguinte: carbono [C], 75-90; hidrogénio [H], 4,5-5,5; azoto [N], 1-1,5; enxofre [S], 1-2; oxigénio [O], 5-20; cinzas, 2-10; e humidade, 1-10).

A partir de 1910, equipas de investigação sob a direção de Richard Wheeler, no Imperial College of Science and Technology, em Londres, Friedrich Bergius (1884-1949), em Mannheim, e Franz Fischer (1877-1938), em Mülheim, deram importantes contributos que indicavam a presença de compostos benzenoides (semelhantes a benzenos) no carvão. Mas a confirmação da estrutura benzenoide do carvão só veio em 1925, como resultado dos estudos de **extração** e **oxidação** do carvão de William Bone (1890-1938) e da sua equipa de investigação no Imperial College. Os tri-, tetra- e outros ácidos carboxílicos superiores de benzeno que obtiveram como produtos de oxidação indicaram uma preponderância de estruturas aromáticas com três, quatro e cinco anéis de benzeno fundidos e outras estruturas com um único anel de benzeno. As estruturas mais simples eram constituídas por oito ou dez átomos de carbono, as estruturas com anéis fundidos continham quinze ou vinte átomos de carbono. [1]

### 1.3- Tipos de carvão

O carvão é classificado em quatro tipos principais, dependendo da quantidade de carbono, oxigénio e hidrogénio presentes. Quanto maior for o teor de carbono, mais energia contém o carvão.

- **Linhite**
- **Sub-betuminoso**
- **Betuminoso**
- **Antracite**

#### 1.3.1- Linhite

**A lenhite** é a categoria mais baixa de carvão, com um **valor** de **aquecimento** de 4.000-8.300 unidades térmicas britânicas (Btu) por libra. A lenhite é friável e tem um elevado teor de humidade. A maior parte da lenhite extraída nos Estados Unidos provém do Texas. A lenhite é utilizada principalmente para produzir eletricidade. Contém 25-35% de carbono. Cerca de sete por cento do carvão extraído em 2006 era lenhite.

#### 1.3.2- Sub-betuminoso

O carvão **sub-betuminoso** contém normalmente menos **poder calorífico** do que o carvão betuminoso (8.300-13.000 Btu por libra) e mais humidade. Contém 35-45% de carbono. Quarenta e quatro por cento do carvão extraído em 2006 nos EUA era sub-betuminoso.

#### 1.3.3- Betuminoso

A hulha **betuminosa** foi formada pela adição de calor e pressão sobre a lenhite. Composto por muitas camadas minúsculas, o carvão betuminoso tem um aspeto liso e por vezes brilhante. O carvão betuminoso contém 11.000-15.500 Btu por libra. O carvão betuminoso é utilizado para gerar eletricidade e é um combustível importante para as indústrias do aço e do ferro. Contém 45-86% de carbono. Quase metade do carvão extraído em 2006 foi carvão betuminoso. **1.3.4-Antracite**

**A antracite** foi criada onde a pressão adicional combinada com uma temperatura muito elevada no interior da terra. Tem uma cor preta profunda e um aspeto quase metálico devido à sua superfície brilhante. Tal como o carvão betuminoso, o carvão antracite é um grande produtor de energia, contendo cerca de 15.000 Btu por libra. Contém 86-97% de carbono. Menos de um por cento do carvão extraído em 2008 era antracite.

### 1.4-Análise do carvão

O principal objetivo da análise de amostras de carvão é determinar a classificação do carvão, bem como as suas caraterísticas intrínsecas. Para além disso, estes dados serão utilizados como base para futuras preocupações, por exemplo: o comércio de carvão e as suas utilizações.

#### 1.4.1- Propriedades do carvão

O carvão apresenta-se em quatro tipos ou categorias principais: lenhite ou lenhite castanha, hulha betuminosa ou hulha negra, antracite e grafite. Cada tipo de carvão tem um determinado conjunto de parâmetros físicos que são controlados principalmente pela humidade, pelo teor de voláteis (em termos de hidrocarbonetos alifáticos ou aromáticos) e pelo teor de carbono.

**Humidade:** A humidade é uma propriedade importante do carvão, uma vez que todos os carvões são extraídos húmidos. As águas subterrâneas e outras humidades estranhas são conhecidas como humidade adventícia e são facilmente evaporadas. A humidade contida no próprio carvão é conhecida como humidade inerente e é analisada. A humidade pode ocorrer em quatro formas possíveis no carvão:

- **Humidade superficial**: água retida na superfície das partículas de carvão ou dos macerais.
- **Humidade hidroscópica:** água retida por ação capilar no interior das microfracturas do carvão.
- **Humidade de decomposição**: água contida nos compostos orgânicos decompostos do carvão.
- **Humidade mineral:** água que faz parte da estrutura cristalina dos silicatos hidratados, como as argilas.

**Matéria volátil:** A matéria volátil do carvão refere-se aos componentes do carvão, com exceção da humidade, que são libertados a altas temperaturas na ausência de ar. Trata-se normalmente de uma mistura de hidrocarbonetos de cadeia curta e longa, hidrocarbonetos aromáticos e algum enxofre. A matéria volátil do carvão é determinada segundo normas rigorosamente controladas. Nos laboratórios australianos e britânicos, a amostra de carvão é aquecida a 900 ± 5 °C (1650 ± 10 °F) durante 7 minutos num cadinho cilíndrico de sílica numa mufla. Os procedimentos normalizados americanos implicam o aquecimento a 950 ± 25 °C (1740 ± 45 °F) num cadinho vertical de platina.

**Cinzas:** O teor de cinzas do carvão é o resíduo não combustível que resta após a combustão do carvão. Representa a matéria mineral a granel depois de o carbono, o oxigénio, o enxofre e a água (incluindo das argilas) terem sido eliminados durante a combustão. A análise é bastante simples, com o carvão completamente queimado e as cinzas expressas como uma percentagem do peso original.

**Carbono fixo:** O teor de carbono fixo do carvão é o carbono que se encontra no material e que resta após a expulsão dos materiais voláteis. Este teor difere do teor final de carbono do carvão porque algum carbono se perde nos hidrocarbonetos com os voláteis. O carbono fixo é utilizado como uma estimativa da quantidade de coque que será produzido a partir de uma amostra de carvão. O carbono fixo é determinado pela remoção da massa de voláteis determinada pelo teste de volatilidade, acima, da massa original da amostra de carvão.

### 1.4.2- Método de análise do carvão

Existem dois métodos principais de análise do carvão que são apresentados a seguir.

I. **Análise Proximal do Carvão**
II. **Análise final do carvão**

**Análise Proximal I-Coal**

**O objetivo da análise de proximidade do carvão é determinar a quantidade de carbono fixo (CF), matérias voláteis (VM), humidade e cinzas na amostra de carvão.**

As variáveis são medidas em percentagem de peso (wt. %) e são calculadas em várias bases diferentes. A base AR (as-received) é a base mais utilizada em aplicações industriais. A base AR tem em consideração todas as variáveis e utiliza o peso total como base de medição. A base AD (air-dried) negligencia a presença de humidades para além da humidade inerente, enquanto a base DB (dry-basis) deixa de fora todas as humidades, incluindo a humidade superficial, a humidade inerente e outras humidades. A base DAF (seca, isenta de cinzas) negligencia todos os constituintes de humidade e cinzas no carvão, enquanto a base DMMF (seca, isenta de matéria mineral) exclui a presença de humidade e matérias minerais no carvão, por exemplo: quartzo, pirite, calcite, etc. A matéria mineral não é medida diretamente, mas pode ser obtida através de uma das várias fórmulas empíricas baseadas na análise final e na análise proximal.
A prática normalizada para a análise de proximidade do carvão pode ser consultada na norma ASTM D3172-07a ou na norma ISO 17246:2005.

**1.1-A análise aproximada da jazida de carvão de Thar é a seguinte:** [9]

| Humidade (%) | 43.24 | para | 49.01 |
|---|---|---|---|
| Cinzas (%) | 5.18 | para | 6.56 |
| Matéria volátil (%) | 26.50 | para | 33.04 |
| Carbono fixo (%) | 19.35 | para | 22.00 |
| Enxofre (%) | 0.92 | para | 1.34 |

**II-Análise final do carvão**

**O objetivo da análise final do carvão é determinar o constituinte do carvão, mas sim sob a forma dos seus elementos químicos básicos.**

A análise final determina a quantidade de carbono (C), hidrogénio (H), oxigénio (O), enxofre (S) e outros elementos na amostra de carvão. Estas variáveis também são medidas em percentagem de peso (wt. %) e são calculadas nas bases explicadas acima. A conversão de uma base para outra pode ser **Departamento de** efectuada utilizando equações de balanço de massa. A prática normalizada para a análise final do carvão pode ser consultada em ASTM 03176-89(20021 ou ISO 17247:2005.

**1.2-A análise final do carvão de Thar é a seguinte: "8 ".**

| | |
|---|---|
| **Carbono (%)** | 63 |
| **Hidrogénio (%)** | 7 |
| **Azoto (%)** | 0.36 |
| **Oxigénio (%)** | 28 |
| **Enxofre (%)** | 0.1 |

**III-Análise de cinzas**

Pode também ser efectuada uma análise das cinzas de carvão para determinar não só a composição das cinzas de carvão, mas também para determinar os níveis a que os oligoelementos ocorrem nas cinzas. Estes dados são úteis para a modelação do impacto ambiental e podem ser obtidos por métodos espectroscópicos como o ICP-OES ou o AAS. Um exemplo da composição das cinzas de carvão é apresentado à direita.

Para além da composição das cinzas de carvão, o ponto de fusão das cinzas é também um parâmetro importante na análise das cinzas. A temperatura óptima de funcionamento do processamento do carvão depende da temperatura do gás e também do ponto de fusão das cinzas. A fusão das cinzas pode provocar a sua aderência às paredes do reator e resultar numa acumulação.

A composição típica de diferentes tipos de carvão e de alguns outros combustíveis sólidos é apresentada no quadro seguinte:

**1.3-Mudança de composição de madeira para antracite ' '4**

| Combustível | Carbono | Hidrogénio | Nitrogénio | Oxigénio | Valor Calorífico kcal/kg | *Humidade de 60% H.R. e 40°C |
|---|---|---|---|---|---|---|
| **Madeira** | 50 | 6 | 0.5 | 43.5 | 4990 | 25 |
| **Turfa** | 57 | 5.7 | 2 | 35.5 | 5490 | 25 |
| **Linhite** | 67 | S | 1.5 | 26.5 | 6495 | 18 |
| **Sub-betuminoso** | 77 | 5 | 1.8 | 16.2 | 7210 | 11 |
| **Betuminoso** | 83 | S | 2 | 10 | 8S9S | 4 |
| **Carvão Semi-Betuminoso** | 90 | 4.5 | 1.5 | 4 | 8690 | 1 |
| **antracite** | 93 | 3 | 0.7 | 3 | 8500 | 1.5 |

**1.4-Composição típica dos diferentes tipos de carvão ' '4**

| Combustíveis | Análise proximal, % | Final análise,% | Poder calorífico, Kcal/kg |
|---|---|---|---|

| | Humidade | Volátil Matéria | Fixo Carbono | Cinzas | C | H 2 | 2 | w 2 | s | Cinzas | Como comunicada | Base seca |
|---|---|---|---|---|---|---|---|---|---|---|---|---|
| Turfa | 57 | 26 | 11 | 6 | 23 | 10 | 59 | 1.5 | 0.5 | 6 | 2000 | 4600 |
| Linhite | 35 | 28 | 31 | 6 | 42 | 7 | 43 | 1 | 1 | 6 | 4000 | 6000 |
| Bituminous carvão<br>-Baixo volátil<br>-Médio volátil<br>-Altamente volátil | 3.5<br>3<br>8 | 16<br>24<br>36 | 72<br>62<br>46 | 8.5<br>11<br>7 | 79.5<br>77<br>68.5 | 4.5<br>5<br>5.5 | 4.5<br>5<br>16.5 | 1.5<br>1.5<br>1.5 | 1<br>0.5<br>1 | 9<br>11<br>7 | 7600<br>7500<br>6750 | 7900<br>7700<br>7400 |
| Sub-betuminosos | 19 | 31 | 46 | 4 | 59 | 6 | 29.5 | 1 | 0.5 | 4 | 5600 | 7000 |
| Semi-betuminosos | 3 | 8.5 | 79 | 9.5 | 80 | 3.5 | 4.5 | 1.5 | 0.5 | 10 | 7500 | 7000 |
| Antracite | 2.5 | 3 | 87.5 | 7 | 86.5 | 2.5 | 3 | 0.5 | 0.5 | 7 | 7500 | 7700 |
| Madeira de pinho | - | | - | ---- | 52.3 | 7 | 40 | --- | ---- | 0.5 | - | 5330 |
| Madeira de carvalho, seca | | - | - | --- - | 50 | 6 | 43.5 | --- - | --- | 0.5 | - | 4600 |
| Coca-Cola (forno de produção) | 1 | 1 | 87 | 11 | 85 | 1 | 1 | 1 | 1 | 11 | 7050 | 7100 |
| Coca-Cola (0-15mm) | 10 | 4 | 66 | 20 | 67 | 2.5 | 11 | 1 | 0.5 | 18 | 5650 | 6450 |
| I Carvão vegetal | 12 | 2 | 83 | I3 | I 85 | 1 2.5 | 10. 5 1 | .... | 1 '- 1 | I2 | I 6300 | 7150 |

## 1.5- Reservas de carvão

Existem reservas de carvão economicamente recuperáveis em mais de 100 países e em todas as grandes regiões do mundo. Com as autoridades a indicarem que cerca de 850 mil milhões de toneladas de carvão são atualmente recuperáveis (o recurso geológico é muito maior), é evidente que o carvão estará entre nós durante muitas décadas, se não séculos. O facto de as reservas mundiais de carvão no final de 2005 serem de 847,5 mil milhões de toneladas, cerca de 61,5 mil milhões de toneladas ou 6,8% inferiores ao total correspondente no final de 2002, representa mais um aperfeiçoamento do que uma revisão.

A BP, no seu relatório de 2007, estimou, no final de 2006, que existiam 909 064 milhões de toneladas *de* reservas *comprovadas* de carvão em todo o mundo, ou seja, um rácio reservas/produção de 147 anos. Este número inclui apenas as reservas classificadas como "provadas"; os programas de perfuração de exploração das empresas mineiras, particularmente em áreas pouco exploradas, estão continuamente a fornecer novas reservas. Em muitos casos, as empresas têm conhecimento de depósitos de carvão que não foram suficientemente perfurados para serem classificados como "comprovados". No entanto, algumas nações não actualizaram a sua informação e assumem que as reservas permanecem nos mesmos níveis, mesmo com as retiradas. As projecções colectivas prevêem geralmente que o pico global da produção de carvão poderá ocorrer por volta de 2025, 30% acima da produção atual, na melhor das hipóteses, dependendo das futuras

taxas de produção de carvão.
**Dos três combustíveis fósseis, o carvão é o que tem as reservas mais amplamente distribuídas; o carvão é extraído em mais de 100 países e em todos os continentes, exceto na Antárctida. As maiores reservas encontram-se nos EUA, Rússia, China, Índia e Austrália. Observe o quadro abaixo. ' '[6]**

## 1.6- Reservas de carvão do Paquistão

O Paquistão é um país rico em carvão, mas, infelizmente, o carvão não foi desenvolvido durante mais de três décadas devido à falta de infra-estruturas, ao financiamento insuficiente e à ausência de conhecimentos técnicos modernos em matéria de extração de carvão. Atualmente, o Governo está determinado a facilitar aos investidores privados a promoção do investimento no desenvolvimento do carvão e na produção de eletricidade a partir do carvão. A indisponibilidade de carvão fiável é o principal obstáculo a um progresso significativo na produção de eletricidade a partir do carvão. O Governo Federal e os governos provinciais estão, no entanto, a tentar continuamente facilitar os investidores privados no desenvolvimento e na promoção do carvão endógeno para a produção de eletricidade. O carvão é um recurso energético autóctone barato e, após a descoberta de 175,5 mil milhões de toneladas de carvão na região de Thar, em Sindh, o potencial de produção de eletricidade a partir do carvão do Paquistão aumentou consideravelmente. Prevê-se que, se devidamente explorados, os recursos carboníferos do Paquistão possam gerar mais de 100 000 MW de eletricidade nos próximos 30 anos. Existem vastos recursos de carvão nas quatro províncias do Paquistão e em Azad Jammu & Kashmir. De acordo com estimativas aproximadas, as reservas totais de carvão do Paquistão são superiores a 185 mil milhões de toneladas.

## 1.7- Carvão de Thar - o ouro negro do Paquistão

A jazida de carvão de Thar está situada na parte sudeste de Sindh. A primeira indicação da presença de carvão sob as areias do deserto de Thar foi registada durante a perfuração de poços de água pela Agência Britânica de Desenvolvimento Ultramarino (ODA), em coordenação com a Autoridade de Desenvolvimento da Zona Árida de Sindh (SAZDA), em 1991. A jazida de carvão de Thar, com um potencial de recursos de 175,5 milhões de toneladas de carvão, cobre uma área de 9000 km2 no deserto de Tharparkar. As reservas de carvão exploráveis estão estimadas em 1 620 milhões de toneladas. A zona carbonífera está coberta por dunas de areia estáveis. A fim de determinar os recursos de carvão nos quatro blocos selecionados (mapa 3), foram efectuados 167 furos a um quilómetro de distância.

!

Os recursos de carvão dos quatro blocos estão estimados em 9.629 milhões de toneladas.

### 1.7.1- Topografia e clima

A bacia carbonífera de Thar faz parte do deserto de Thar, no Paquistão, e é o nono maior deserto do mundo. É limitado a norte, leste e sul pela Índia e a oeste pelas planícies aluviais do rio Indo. O terreno é arenoso e acidentado, com dunas de areia a formar a topografia. O relevo da zona varia entre o nível do mar e mais de 150 metros de altitude.

O clima é essencialmente o de uma região árida a semi-árida, com Verões quentes e escaldantes e Invernos relativamente frios. É um dos desertos mais densamente povoados do mundo, com mais de 91 mil ™ habitantes. O modo de vida da população depende da agricultura e da pecuária.

### 1.7.2- Recursos hídricos

A área é uma parte do deserto onde a precipitação é muito baixa com uma elevada taxa de evaporação. Como tal, os recursos hídricos limitados são de grande importância.

**Águas superficiais:** são escassas e encontram-se em alguns pequenos "tarais" e depressões cavadas oficialmente onde a água da chuva se acumula. Estas depressões são geralmente constituídas por argila siltosa e material de caliche.

**Águas subterrâneas:** Os estudos hidrogeológicos e a geologia dos furos de sondagem mostram a presença de três possíveis zonas aquíferas a profundidades variáveis:

- Um aquífero acima da zona carbonífera
  A profundidade varia entre 52,70 e 93,27 metros.
- Segundo aquífero com a zona de carvão a 120 metros de profundidade
  Espessura variável até 68,74 metros.
- Terceiro aquífero abaixo da zona carbonífera a 200 metros
  Profundidade Espessura variável até 47 metros.

### 1.7.3- Geologia

A área da jazida de carvão de Thar está coberta por dunas de areia que se estendem a uma profundidade média de mais de 80 metros e assenta numa plataforma estrutural na parte oriental do deserto. A sequência estratigráfica generalizada na área da bacia carbonífera de Thar é apresentada no quadro. Inclui o Complexo Basal, a Formação Bara, que contém carvão, os depósitos aluviais e a areia das dunas.

### 1.7.4- Reservas de carvão

São desenvolvidos leitos de carvão de espessura variável que vão de 0,20 a 22,81 metros. O número máximo de veios de carvão encontrados em alguns dos furos de perfuração é 20. A espessura acumulada das camadas de carvão varia entre 0,2 e 36 metros. O carvão é de cor preta acastanhada, preta e preta acinzentada. É pouco a bem limpo e compacto. A qualidade do carvão é melhor quando a percentagem de argila é nominal.

Como resultado de uma perfuração alargada numa área de 9000 km2, foi avaliado um total de 175 mil milhões de toneladas de potencial de recursos de carvão. A sobrecarga é constituída por três tipos de material: areia de duna, aluvião e sequência sedimentar. A sobrecarga total é de cerca de 150 a 230 metros. As rochas do teto e do pavimento são argilas e arenitos soltos.

### 1.7.5- Composição do carvão

A análise química média ponderada das amostras de carvão dos quatro blocos apresenta variações e é apresentada de seguida:

**1.5-Composição**

| | | | |
|---|---|---|---|
| **Humidade (%)** | **43.24** | **para** | **49.01** |
| **Cinzas (%)** | **5.18** | **para** | **6.56** |
| **Matéria volátil (%)** | **26.50** | **para** | **33.04** |
| **Carbono fixo (%)** | **19.35** | **para** | **22.00** |
| **Enxofre (%)** | **0.92** | **para** | **1.34** |
| ref | **1.6-Valor calorífico (Btu/lb)** | | |
| **Como recebido** | **5780** | **para** | **6398** |
| **Seco** | **10723** | **para** | **11353** |
| **DAF** | **11605** | **para** | **12613** |
| **MMM Grátis** | **6101** | **para** | **6841** |

### 1.7.6- Desenvolvimento recente

Em maio de 2008, o Governo de Sindh lançou um convite à apresentação de propostas competitivas internacionais por parte de potenciais parceiros de empresas comuns (JV) para o desenvolvimento do projeto de extração de carvão Thar Coal Block II. A Engro foi selecionada como parceiro preferencial da JV em junho de 2009 e a empresa JV **"Sindh Engro Coal Mining Company"** foi constituída em outubro de 2009. Estrutura da empresa de joint venture (JV)

- 40% Acções detidas pelo Governo de Sindh (GoS)
- 60% Acções detidas por Engro Power Gen Limited (EPL)

O GdS prestará assistência na disponibilização atempada de todos os dados relevantes (estudos anteriores e atualmente em curso), nas aprovações necessárias dos governos federal e provincial e na entrega atempada das infra-estruturas

para o projeto, incluindo água, estradas, linha de transmissão e eliminação de efluentes. A Engro PowerGen conduzirá o desenvolvimento, o financiamento, a gestão e a execução do projeto de uma forma profissional e rápida.

## 1.8- Extração de carvão

O método mais económico de extração de carvão das jazidas depende da profundidade e da qualidade das jazidas, bem como da geologia e dos factores ambientais. Existem duas formas de retirar o carvão do solo.

- **Exploração mineira de superfície**
- **Exploração mineira subterrânea**

### 1.8.1- Exploração mineira de superfície

Quando as jazidas de carvão se encontram perto da superfície, pode ser económico extrair o carvão utilizando métodos de extração a céu aberto (também designados por open cast, open pit ou strip).
A extração de carvão a céu aberto recupera uma maior proporção do depósito de carvão do que os métodos subterrâneos, uma vez que podem ser explorados mais veios de carvão nos estratos. As grandes minas a céu aberto podem cobrir uma área de muitos quilómetros quadrados e utilizar equipamentos de grandes dimensões. Este equipamento pode incluir o seguinte: Draglines que operam removendo a sobrecarga, pás eléctricas, grandes camiões que transportam a sobrecarga e o carvão, escavadoras com rodas de balde e transportadores.

Neste método de extração mineira, os explosivos são utilizados primeiro para romper a superfície, ou sobrecarga, da área mineira. O

A sobrecarga é então removida por draglines ou por pá e camião.

Uma vez exposta a jazida de carvão, esta é perfurada, fracturada e minada em tiras. O carvão é então carregado em grandes camiões ou transportadores para ser transportado para as instalações de preparação de carvão ou diretamente para o local onde será utilizado.

**Mineração de área:** A extração a céu aberto expõe o carvão através da remoção de

MINERAÇÃO DE SUPERFÍCIE

Fig. 2

a camada de cobertura (a terra acima da(s) jazida(s) de carvão) em longos cortes ou faixas. O solo da primeira faixa é depositado numa área fora da zona de extração prevista. Os resíduos dos cortes subsequentes são depositados como enchimento no corte anterior, depois de o carvão ter sido removido. Normalmente, o processo consiste em perfurar a faixa de terra junto à faixa anteriormente explorada. Os furos de perfuração são preenchidos com explosivos e dinamitados. A sobrecarga é então removida utilizando grandes equipamentos de movimentação de terras, tais como draglines, pás e camiões, escavadoras e camiões, ou rodas de balde e transportadores. Esta sobrecarga é colocada na faixa anteriormente explorada (e agora vazia).

**Mineração de contorno:** O método de mineração de contorno consiste em remover a sobrecarga do veio num padrão que segue as curvas de nível ao longo de um cume ou em torno de uma encosta. Este método é mais comummente utilizado em áreas com terreno ondulado a íngreme. Antigamente, era comum depositar os resíduos no lado descendente do banco assim criado, mas este método de eliminação de resíduos consumia muita terra adicional e criava graves problemas de deslizamento de terras e erosão. Para atenuar estes problemas, foram concebidos vários métodos para utilizar a sobrecarga recém-cortada para encher de novo as áreas extraídas das minas. Estes métodos de movimentação lateral consistem geralmente num corte inicial em que os resíduos são depositados a jusante ou noutro local e os resíduos do segundo corte preenchem o primeiro. Muitas vezes, é intencionalmente deixada uma crista de material natural não perturbado com uma largura de 5 a 6 m (15 a 20 pés) no limite exterior da área minada. Esta barreira acrescenta estabilidade ao declive recuperado, impedindo que os resíduos se desloquem ou deslizem para baixo.

**1.8.2- Exploração mineira subterrânea:**

A maior parte das jazidas de carvão são demasiado profundas para a extração a céu aberto e requerem a extração subterrânea, método que representa atualmente cerca de 60% da produção mundial de carvão. Na extração em profundidade, o método de exploração em compartimentos e pilares ou em tábuas e pilares progride ao longo do filão, enquanto pilares e madeira são deixados de pé para suportar o teto da mina. Uma vez que as minas de compartimentos e pilares tenham sido desenvolvidas até um ponto de paragem (limitado pela geologia, ventilação ou economia), é normalmente iniciada uma versão suplementar da extração de compartimentos e pilares, designada por segunda extração ou extração em retiro. Os mineiros retiram o carvão dos pilares, recuperando assim a maior quantidade possível de carvão da jazida. Uma área de trabalho envolvida na extração de pilares é designada por secção de pilares.

**Mineração Longwall:** A mineração longwall é responsável por cerca de 50% da produção subterrânea. O tosquiador de longwall tem uma face de 1.000 pés (300 m) ou mais. É uma máquina sofisticada com um tambor rotativo que se move mecanicamente para a frente e para trás ao longo de uma ampla camada de carvão. O carvão solto cai numa linha de bandeja que leva o carvão para a correia transportadora para ser removido da área de trabalho. Os sistemas de longwall têm os seus próprios suportes de teto hidráulicos que avançam com a máquina à medida que a extração avança. À medida que o equipamento de extração longwall avança, a rocha sobrejacente que já não é suportada pelo carvão pode cair atrás da operação de forma controlada. Os suportes possibilitam elevados níveis de produção e segurança. Os sensores detectam a quantidade de carvão que permanece no veio, enquanto os controlos robóticos aumentam a eficiência. Os sistemas Longwall permitem uma taxa de recuperação de carvão de 60 a 100% quando a geologia circundante permite a sua utilização. Assim que o carvão é removido, normalmente 75% da secção, o teto pode desabar de forma segura.

**Mineração contínua:** A mineração contínua utiliza uma máquina com um grande tambor de aço rotativo equipado com dentes de carboneto de tungsténio que raspam o carvão do veio. Operando num sistema de "sala e pilar" (também conhecido como "tábua e pilar") - em que a mina é dividida numa série de "salas" de 20 a 30 pés (5 a 10 m) ou áreas de trabalho cortadas no leito de carvão - pode extrair até cinco toneladas de carvão por minuto, mais do que uma mina não mecanizada da década de 1920 produziria num dia inteiro. Os mineiros contínuos são responsáveis por cerca de 45% da produção subterrânea de carvão. Os transportadores transportam o carvão retirado do veio. Os mineiros contínuos controlados à distância são utilizados para trabalhar numa variedade de veios e condições difíceis, e as versões robóticas controladas por computadores estão a tornar-se cada vez mais comuns. A mineração contínua é, na verdade, um termo impróprio, uma vez que a mineração de carvão em salas e pilares é muito cíclica.

**Exploração mineira a jato:** A extração a jato ou a extração convencional é uma prática mais antiga que utiliza explosivos, como a dinamite, para romper a camada de carvão, após o que o carvão é recolhido e carregado em vagonetas ou transportadores para ser removido para uma área de carregamento central. Este processo consiste numa série de operações que começam com o "corte" da jazida de carvão, para que esta se parta facilmente quando for rebentada com explosivos. Atualmente, este tipo de extração representa menos de 5% da produção subterrânea total nos EUA. ^^®^

**1.9-Gasificação**

**1.9.1- Introdução**

O fabrico de gases combustíveis a partir de combustíveis sólidos é uma arte antiga, mas de modo algum esquecida. **No seu sentido mais lato, o termo gaseificação abrange a conversão de qualquer combustível carbonoso num produto gasoso com um valor calorífico utilizável**. Esta definição exclui *a combustão*, porque o gás de combustão não tem valor calorífico residual. Inclui as tecnologias de *pirólise, oxidação parcial* e *hidrogenação.*

As primeiras tecnologias dependiam fortemente da pirólise*, mas esta tem atualmente menos importância na produção de gás. A tecnologia dominante é a oxidação parcial, que produz a partir do combustível um gás de síntese constituído por hidrogénio e monóxido de carbono em proporções variáveis, podendo o oxidante ser oxigénio puro, ar e/ou vapor. A oxidação parcial pode ser aplicada a matérias-primas sólidas, líquidas e gasosas, tais como

como carvões, óleos residuais e gás natural, e apesar da tautologia envolvida na "gaseificação".

A hidrogenação só encontrou um interesse intermitente no desenvolvimento das tecnologias de gaseificação e, quando a abordamos, utilizamos sempre os termos específicos *Hidrogaseificação* ou *Gaseificação por hidrogenação.*

**1.9.2- Reação de gaseificação**

**Reacções**

Durante o processo de gaseificação do carbono sólido, quer sob a forma de carvão, coque ou carvão vegetal, as principais reacções químicas são as que envolvem o carbono, o monóxido de carbono, o dióxido de carbono, o hidrogénio, a água (ou vapor) e o metano.

**Estas são as reacções combustíveis**

$C + 1/2\,O_2 \rightarrow CO$ ΔH= -111 MJ/kmol (2-1)

$CO + 1/2O_2 \rightarrow CO_2$ ΔH= -283 MJ/kmol (2-2)

$H2 + 1/2O_2 \rightarrow H_2O$ ΔH= -242 MJ/kmol (2-3)

**A reação de Boudouard,**

$C + CO_2 \rightarrow 2\,CO$ ΔH= + 172 MJ/kmol (2-4)

**A reação do gás de água,**

$C + H2O \rightarrow CO + H_2$ ΔH= + 131 MJ/kmol (2-5)

**E a reação de metanação,**

$C + 2\,H_2 \rightarrow CH_4$ ΔH= − 75MJ/kmol(2-6)

Uma vez que as reacções com oxigénio livre são essencialmente completas em condições de gaseificação, as reacções 2-1, 2-2 e 2-3 não necessitam de ser consideradas na determinação da composição de equilíbrio *do SynGas.*

As três reacções heterogéneas (i.e., em fase gasosa e sólida) 2-4, 2-5 e 2-6 são suficientes. Em geral, estamos preocupados com situações em que também a conversão de carbono é essencialmente completa. Nestas circunstâncias, podemos reduzir as equações 2-4, 2-5 e 2-6 às duas reacções gasosas homogéneas seguintes:

**Reação de transferência de CO:**

$CO + H_2O \leftrightarrow CO_2 + H_2$ ΔH = -41 MJ/kmol (2-7)

.

**E a reação de reforma do metano a vapor:**

$CH_4 + H_2O \leftrightarrow CO_2 + 3\,H_2$

ΔH = -206 MJ/kmol (2-8)

Note-se que, subtraindo os efeitos molares e térmicos da reação 2-4 aos da reação 2-5, obtém-se a reação 2-7 e, subtraindo a reação 2-6 à 2-5, obtém-se a reação 2-8. Assim, as reacções 2-7 e 2-8 estão implícitas nas reacções 2-4, 2-5 e 2-6. Mas não o contrário! Três equações independentes contêm sempre mais informação do que duas.

- As reacções 2-1, 2-4, 2-5 e 2-6 descrevem as quatro formas pelas quais um combustível carbonoso ou hidrocarboneto pode ser gaseificado.
- A reação 2-4 desempenha um papel na produção de CO puro ao gaseificar carbono puro com uma mistura de oxigénio/CO2.
- A reação 2-5 tem um papel predominante no processo de gás de água. A reação 2-6 é a base de todos os processos de gaseificação por hidrogenação.
- Mas a maioria dos processos de gaseificação depende de um equilíbrio entre as reacções 2-1 (oxidação parcial) e 2-5 (reação de gás de água).

**Reação global**

Para os combustíveis reais (incluindo o carvão, que também contém hidrogénio) a reação global pode ser escrita como

Onde

$C_nH_m + n/2\,O_2 \rightarrow n_3CO + m/2\,H_2$ (2-9)

- Para o gás, como o metano puro, m=43 **e** n =1, logo m/n **=43**
- Para o petróleo, m/n **=32**, logo m **=2a** e n =1,3 e.
- Para o carvão, m/n **=31**, logoem **=13en=1**.

As temperaturas de gaseificação são, em todos os casos, tão elevadas que, termodinamicamente e na prática, para além do metano, não podem estar presentes hidrocarbonetos em quantidades apreciáveis" I [11]

**1.9.3-Composição do gás de síntese**

A qualidade do gás de síntese ditará, em última análise, a utilização do gás. O poder calorífico será importante para a produção de energia e o rácio H2/CO será relevante para aplicações químicas ou petroquímicas. O gás de síntese conterá diferentes proporções de CO, H2, CO2, N2, CH4, água e hidrocarbonetos gasosos, dependendo de vários factores, incluindo:

1. **O oxidante utilizado**

Devido à presença de azoto, o ar resultará em temperaturas de gaseificação mais baixas e numa maior diluição do gás inerte. A decisão de utilizar oxigénio ou ar como oxidante é, em última análise, uma decisão financeira.

2. **Influências da água**

A taxa a que a água subterrânea (ou a água introduzida) contribui para o processo de gaseificação determina, em última análise, a concentração de hidrogénio no gás. Esta é influenciada pela permeabilidade do carvão, pela permeabilidade da camada de cobertura, pela fracturação natural ou induzida, pela humidade do carvão, pela pressão hidrostática e pela pressão de funcionamento da cavidade.

3. **Qualidade do carvão (ou seja, reatividade, teor de cinzas e propriedades estruturais)**

Os carvões ideais para UCG encolhem e desfazem-se quando aquecidos. A quebra em partículas mais pequenas proporciona uma maior área de superfície para a ocorrência de reacções. Isto inclui a maior parte dos carvões de menor qualidade.

4. **Temperatura e pressão de funcionamento**

Com o aumento da pressão, é produzido mais metano e $CO^2$ , enquanto o rendimento de $H^2$ e CO diminui. Existem, no entanto, vantagens em termos de eficiência e de capital no funcionamento da gaseificação a alta pressão. **1.9.4-Propriedades e utilizações do gás de síntese**

- O gás de síntese (syngas) é o produto da UCG e um produto energético muito versátil. É adequado como matéria-prima para uma série de produtos diferentes, incluindo eletricidade e combustível para transportes. O gás de síntese é a matéria-prima preferida para as principais tecnologias de carvão limpo em desenvolvimento.
- Sendo uma mistura de hidrogénio (H2), monóxido de carbono (CO), azoto (N2), dióxido de carbono (CO2) e metano (CH4), o gás de síntese oferece oportunidades para a sua utilização como gás de aquecimento (devido ao valor calorífico do CO, H2 e CH4), ou utilizando o H2 e o CO como blocos de construção básicos para aplicações químicas e de produção de combustível.
- Dependendo da aplicação a jusante do gás de síntese, a composição pode ser alterada através da modificação das condições do processo na operação UCG. O N2 e o CO2 são os componentes indesejados do gás de síntese, sendo que o primeiro pode ser removido se for utilizado oxigénio como oxidante.
- A extração de CO2 é uma tecnologia praticada comercialmente. A produção de gás de síntese e a captura de CO2 são ambas tecnologias bem conhecidas. A UCG também oferece a oportunidade de reduzir as concentrações de CO no gás de síntese, reagindo o gás com água adicional para produzir um gás com concentrações mais elevadas de H2 e CO2. O CO2 resultante pode então ser sequestrado.
- Este é o mesmo princípio praticado na produção de eletricidade do Ciclo Combinado de Gaseificação Integrada (IGCC), em que o carvão é gaseificado e "deslocado" para o solo para produzir energia com poucas ou nenhumas emissões de carbono.
- O gás de síntese UCG é, por conseguinte, um produto muito valioso e versátil. Pode ser utilizado para uma vasta gama de aplicações a jusante. A sua composição pode ser adaptada a uma aplicação específica e está bem adaptada para fazer parte do cabaz energético num mundo com restrições de carbono. [11]

# CAPÍTULO 2

## Gaseificação

### 2.1- Introdução:

O fabrico de gases combustíveis a partir de combustíveis sólidos é uma arte antiga, mas de modo algum esquecida. **No seu sentido mais lato, o termo gaseificação abrange a conversão de qualquer combustível carbonoso num produto gasoso com um valor calorífico utilizável**. Esta definição exclui *a combustão*, porque o gás de combustão não tem valor calorífico residual. Inclui as tecnologias de *pirólise, oxidação parcial* e *hidrogenação.*

As primeiras tecnologias dependiam fortemente da pirólise*, mas esta tem atualmente menos importância na produção de gás. A tecnologia dominante é a oxidação parcial, que produz a partir do combustível um gás de síntese constituído por hidrogénio e monóxido de carbono em proporções variáveis, podendo o oxidante ser oxigénio puro, ar e/ou vapor. A oxidação parcial pode ser aplicada a matérias-primas sólidas, líquidas e gasosas, como o carvão, os óleos residuais e o gás natural, e apesar da tautologia envolvida na "gaseificação".

A hidrogenação só encontrou um interesse intermitente no desenvolvimento das tecnologias de gaseificação e, quando a abordamos, utilizamos sempre os termos específicos *Hidrogaseificação* ou *Gaseificação por hidrogenação.*

*A aplicação de calor à matéria-prima na ausência de oxigénio.

### 2.2- Processos de gaseificação:

Na realização prática dos processos de gaseificação, foi e continua a ser utilizada uma vasta gama de tipos de reactores.

Para a maioria dos fins, estes tipos de reactores podem ser agrupados numa de três categorias:

Gaseificadores de leito móvel,

Gaseificadores de leito fluidizado

Gaseificadores de fluxo arrastado.

Os gaseificadores de cada uma destas três categorias partilham certas caraterísticas que os diferenciam dos gaseificadores de outras categorias. Algumas dessas caraterísticas estão resumidas no Quadro 1.

Os gaseificadores de leito móvel (por vezes designados por gaseificadores de leito fixo) são caracterizados por um leito em que o carvão se desloca lentamente para baixo, por gravidade, à medida que é gaseificado, geralmente por um sopro em contracorrente. Neste tipo de gaseificador

Em contracorrente, o gás de síntese quente da zona de gaseificação é utilizado para pré-aquecer e pirolisar o carvão em fluxo descendente. Com este processo, o consumo de oxigénio é muito baixo, mas os produtos de pirólise estão presentes no gás de síntese. A temperatura de saída do gás de síntese é geralmente baixa, mesmo que sejam atingidas temperaturas elevadas de escória no centro do leito. Os processos de leito móvel funcionam com carvão granulado.

Os gaseificadores de leito fluidizado oferecem uma mistura extremamente boa entre a alimentação e o oxidante, o que promove a transferência de calor e de massa. Este facto assegura uma distribuição uniforme do material no leito, pelo que uma certa quantidade de combustível que apenas parcialmente reagiu é inevitavelmente removida com as cinzas. O funcionamento dos gaseificadores de leito fluidizado é geralmente limitado a temperaturas inferiores ao ponto de amolecimento das cinzas, uma vez que a escória das cinzas perturbará a fluidização do leito. Foram feitas algumas tentativas de operar na zona de amolecimento das cinzas para promover uma aglomeração limitada e controlada das cinzas com o objetivo de aumentar a conversão do carbono.

Os gaseificadores de fluxo arrastado funcionam com a alimentação e o sopro em fluxo co-corrente. O tempo de permanência nestes processos é curto (alguns segundos). A alimentação é moída até um tamanho de 100 m ou menos para promover a transferência de massa e permitir o transporte no gás. Dado o curto tempo de residência, são necessárias temperaturas elevadas para assegurar uma boa conversão, pelo que todos os gaseificadores de fluxo arrastado funcionam na gama de escórias.

**Quadro 1**

**Caraterísticas das diferentes categorias de processos de gaseificação**

| **Categoria** | **Cama móvel** | **Cama fluidificada** | **Fluxo arrastado** |
|---|---|---|---|

| Condições das cinzas Processos típicos Caraterísticas da alimentação | Cinza seca Lurgi | Escória BGL | Seco Aglomeração Winkler, HTW, CFB | cinza KRW, U-Gas | Escória Shell, Texaco, E-Gas, Noell, KT |
|---|---|---|---|---|---|
| **Tamanho Aceitabilidade de coimas** | 6-50 mm limitado | 6-50 mm melhor do que as cinzas secas | 6-10mm Bom | 6-10mm melhor | <100 m Ilimitado |
| **Aceitabilidade do carvão de aglomeração Classificação preferida do carvão** | sim (com agitador) qualquer | sim elevado | Possivelmente Baixa | sim qualquer | Sim Qualquer |
| **Caraterísticas de funcionamento** | baixo | baixo | Moderado | moderados | Elevado |
| **Gases de escape temperatura** | (425-650 C) | (425-650 C) | (900-1050 C) | (900-1050 C) | (1250-1600 C) |
| **Procura de oxidantes Procura de vapor Outras caraterísticas** | Baixa Hidrocarbonetos elevados hidrocarbonetos no gás | baixo baixo no gás | Moderado Moderado Conversão de carbono de baixo carbono | moderado moderado inferior conversão | Elevado Baixa gás puro, alta conversão de carbono |

## 2.2.1- PROCESSOS DE LEITO MÓVEL

Historicamente, os processos de leito móvel são os mais antigos e dois deles em particular, o processo de gás de produção e o processo de gás de água, desempenharam um papel importante no início da produção de gás de síntese a partir do carvão e do coque. As matérias-primas preferidas eram, em geral, o coque ou a antracite, uma vez que, caso contrário, o gás necessita de uma limpeza extensiva para remover os alcatrões do gás. Ambos os processos funcionam à pressão atmosférica.

**i)Gaseificador Lurgi**

**Descrição do processo**

O coração do processo Lurgi está no reator, no qual a explosão e o gás de síntese fluem para cima em contracorrente com a matéria-prima do carvão. O carvão é carregado a partir de um bunker suspenso para uma tremonha de eclusa que é isolada do reator durante o carregamento, depois fechada, pressurizada com gás de síntese e aberta para o reator. O reator é assim alimentado numa base cíclica.

A própria cuba do reator é uma cuba de pressão de parede dupla em que o espaço anular entre as duas paredes é preenchido com água a ferver. Isto proporciona um arrefecimento intensivo da parede do espaço de reação, ao mesmo tempo que gera vapor a partir do calor perdido através da parede do reator. O vapor é gerado a uma pressão semelhante à pressão de gaseificação, permitindo assim uma parede interna fina que aumenta o efeito de arrefecimento.

**Comparação dos tipos de processos de gaseificação do carvão (sopro de ar e sopro de oxigénio)**

| Parâmetro | Cama fixa/cama móvel | Leito fluidizado | Leito arrastado |
|---|---|---|---|
| Tempo de permanência | 1 -3 horas | .3-2,5 horas | .4-12 segundos |

| Tipo de carvão utilizado | A maioria dos tipos, sem coimas | Não aglutina | Todos os tipos |
|---|---|---|---|
| **Tamanho do carvão** | 6-50 mm | 500-2400 gm | 10-150 gm |
| **Rácio vapor/carvão** | .28-3.09 | .11-1.93 | 0.1-1.20 |
| **$0_2$ /coal ratio** | .14-.81 | .25-.97 | 0.28-1.17 |
| **Gama de temperaturas, grau K** | 1150-1300 | 600-1470 | 1150-2500 |
| **Pressurizador , MPa(atm)** | .1-2(1-20) | .1-10(1-1000) | 0.1-30(1-300) |
| **Gases do produto, volume** | 39-66 | 2-80 | 35-91 |
| **%** | 2-15 | 3-68 | 0.1-17 |
| **CO+H2<br>CH** | 9000-12000 | 11000-30000 | 4000-20000 |
| **GCV, kj/Sm$^3$<br>Operação comercial** | Lurgi extensiva<br>Elevado rácio de retorno<br>Baixas perdas térmicas | Um pouco mais ondulado<br>Temperatura mais baixa<br>Perdas térmicas reduzidas | Moderado<br>Kopper-totzek<br>Design simples e mais pequeno |
| **Principais vantagens** | Tecnologia madura | Variedade de tamanhos de carvão<br>Tempo de residência moderado | Todos os tipos de carvão<br>maior capacidade/volume |

O carvão proveniente da tremonha de eclusa é distribuído na área do reator por um dispositivo mecânico de distribuição e, em seguida, desloca-se lentamente para baixo através do leito, sofrendo os processos de secagem, desvolatilização, gaseificação e combustão.

As cinzas resultantes da combustão do carvão não gaseificado são removidas da câmara do reator através de uma grelha rotativa e são descarregadas numa tremonha de bloqueio de cinzas. Na zona da grelha, as cinzas são pré-arrefecidas pelo jato de entrada (oxigénio e vapor) até cerca de 300-400 C.

O sopro entra no reator pelo fundo e é distribuído pelo leito através da grelha. Ao fluir para cima, é pré-aquecido pelas cinzas antes de chegar à zona de combustão, onde o oxigénio reage com o carvão, transformando-se em CO2. Neste ponto do reator, as temperaturas atingem o seu nível mais elevado.

O CO2 e o vapor reagem então com o carvão na zona de gaseificação para formar monóxido de carbono, hidrogénio e metano.

A composição do gás à saída da zona de gaseificação é regida pelas três reacções heterogéneas de gaseificação:

i) Gás de água,
ii) Boudouard, e
iii) Metanização

Ao descrever o processo sob a forma destas quatro zonas, deve sublinhar-se que a transição de uma zona para a seguinte é gradual. Este facto é particularmente notório na transição da zona de combustão para a zona de gaseificação. As reacções endotérmicas de gaseificação começam já antes de todo o oxigénio ter sido consumido na combustão. Assim, a temperatura de pico efectiva é inferior à calculada com base num modelo zonal puro.

Este gás que sai da zona de gaseificação entra então nas zonas superiores do reator onde o calor do gás é utilizado para devolatilizar, pré-aquecer e secar o carvão que entra. Neste processo, o gás é arrefecido de cerca de 800 C à saída da zona de gaseificação para cerca de 550 C à saída do reator.

Um resultado do fluxo em contracorrente é o teor relativamente elevado de metano do gás de saída. Por outro lado, uma parte dos produtos da desvolatilização não reage no gás de síntese, nomeadamente alcatrões, fenóis e amoníaco, mas também uma grande variedade de outras espécies de hidrocarbonetos. A remoção em massa deste material ocorre imediatamente à saída do reator por meio de um arrefecedor de arrefecimento no qual a maior parte dos hidrocarbonetos com elevado ponto de ebulição e das poeiras transportadas do reator são condensadas e/ou lavadas com licor gasoso do estádio de condensação a jusante.

**ii) British Gas/Lurgi (BGL) Gaseificador de escória**

**Descrição do processo**

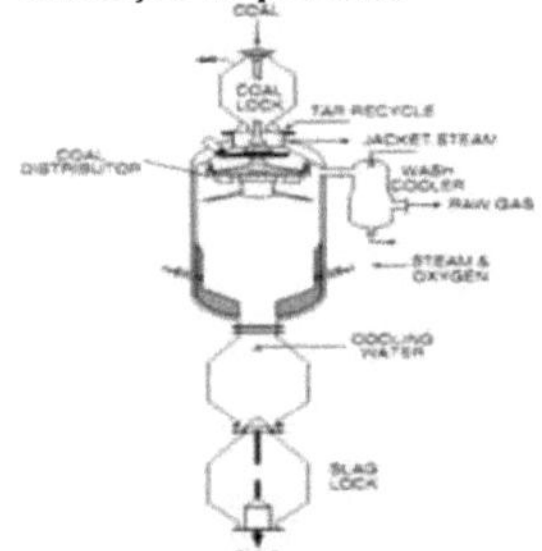

Figure 2.2. BGL Gasifier

A parte superior do gaseificador BGL é geralmente semelhante à do gaseificador de cinzas secas Lurgi, embora para algumas aplicações possa ser revestida de refratário e o distribuidor e o agitador omitidos. O fundo foi completamente redesenhado. Ao contrário do gaseificador de cinzas secas Lurgi, não existe grelha.

A grelha do gaseificador de cinzas secas Lurgi tem dois objectivos,

i) Distribuição da mistura de oxigénio e vapor

ii) Remoção de cinzas.

No gaseificador BGL, a primeira função é desempenhada por um sistema de tuyères (tubos arrefecidos a água) situados imediatamente acima do nível do banho de cinzas fundidas. As tuyères podem também introduzir outros combustíveis no reator.

Isto inclui os produtos de pirólise do gás bruto, bem como uma certa quantidade de finos de carvão que não podem ser introduzidos no topo do reator por receio de entupimento.

A parte inferior do reator incorpora um banho de escória fundida. A cinza fundida é drenada através de uma torneira de escória para a câmara de arrefecimento de escória, onde é arrefecida com água e solidificada. A cinza sólida é descarregada através de uma comporta de escória.

**iii) Ruhr 100**

Uma outra evolução do gaseificador de fundo seco Lurgi foi o gaseificador de alta pressão Ruhr 100, concebido para funcionar a 100 bar. Para além da sua capacidade de alta pressão, o reator continha uma série de outras caraterísticas novas.

Dispunha de duas tremonhas de carvão, o que permite reduzir para metade as perdas de gás de eclusa, operando alternadamente. Esta medida foi implementada para contrariar o aumento destas perdas, que acompanha o aumento da pressão de funcionamento.

Além disso, simplificou o sistema de acionamento do agitador, que passou a poder ser montado centralmente.

Outra novidade foi a adição de uma segunda tomada de gás a um nível intermédio entre as zonas de gaseificação e de desvolatilização. Nem todo o volume de gás é necessário para atingir a desvolatilização da alimentação, pelo que o excesso é retirado do leito como "gás limpo".

### 2.2.2- GASEIFICADORES DE LEITO FLUIDIZADO

A história e o desenvolvimento da gaseificação do carvão e da tecnologia de leito fluidizado estão intimamente ligados desde o desenvolvimento do processo de Winkler no início da década de 1920. O processo de Winkler funcionava num regime de fluidização*.

Nos processos de gaseificação em leito fluidizado, o jato tem duas funções:

**i)** Reagente

**ii)** Meio fluidificante para o leito

Tais soluções, em que uma variável tem de realizar mais do que uma função, tendem a complicar ou a colocar limitações ao funcionamento do gaseificador, como, por exemplo, o rácio de abertura de cama. Estes problemas são especialmente sentidos durante o arranque e a paragem .

Nos processos de gaseificação de biomassa, as misturas de oxigénio/vapor são utilizadas como jato. No entanto, quando o gás se destina a ser utilizado para a produção de eletricidade, a gaseificação com ar pode ser aplicada - e no caso da gaseificação da biomassa, é frequentemente o caso.

*Existe uma distinção clara entre a fase densa ou leito e o bordo livre onde as partículas sólidas se desprendem do gás. Este regime é o leito fluidizado clássico ou estacionário. Com o aumento da velocidade do gás, chega-se a um ponto em que todas as partículas sólidas são transportadas com o gás e se consegue um transporte pneumático completo.

velocidades intermédias do gás, a velocidade diferencial entre o gás e os sólidos atinge um máximo, e este regime de alta velocidade de deslizamento é conhecido como leito de fluido circulante.

**i)O Processo de Winkler**

O processo de leito fluidizado atmosférico de Winkler foi o primeiro processo moderno de gaseificação contínua que utiliza o oxigénio em vez do ar como jato. O processo Winkler pode ser utilizado com praticamente qualquer combustível. As instalações comerciais têm funcionado com coque de lenhite, bem como com carvões sub-betuminosos e betuminosos. A preparação do carvão exige uma moagem até atingir uma granulometria inferior a 10 mm, mas não exige secagem se o teor de humidade for inferior a 10%.

A alimentação é transportada para o gaseificador ou gerador por um transportador helicoidal. O leito fluido é mantido pelo jato de areia, que entra no reator através de uma área de grelha cónica na base. Uma quantidade adicional de jato é alimentada acima do leito para ajudar a gaseificação de pequenas partículas de carvão arrastadas.

Isto também aumenta a temperatura acima da temperatura do próprio leito, reduzindo assim o teor de alcatrão do gás de síntese. O reator propriamente dito é revestido de material refratário.

A temperatura de funcionamento é mantida abaixo do ponto de fusão das cinzas. A maior parte das instalações comerciais tem funcionado entre 950 e 1050 C.

À carga máxima, a velocidade do gás num gerador Winkler é de cerca de 5 m/s. O diagrama de fluxo incorpora uma caldeira radiante de calor residual e um ciclone para remover as cinzas.

As cinzas contêm uma quantidade considerável de carbono não reagido - mais de 20% de perdas na alimentação - que pode ser queimado numa caldeira auxiliar. A remoção final dos sólidos é efectuada com uma lavagem com água.

**ii)O gaseificador de transporte da KBR**

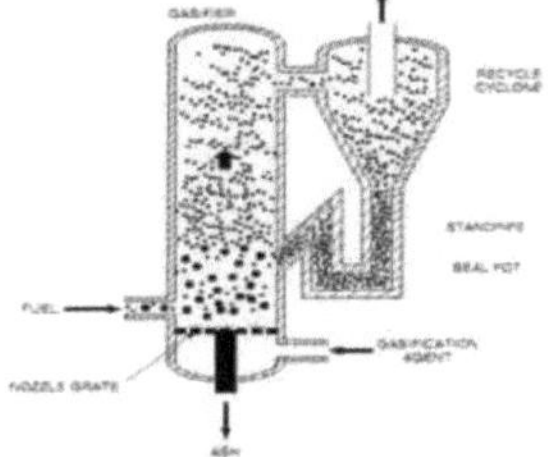

Figure 2.3. Lurgi Circulating Fluid-Bed Gasifier

A gaseificação em leito fluidizado também está a ser desenvolvida no regime de alta velocidade. Um gaseificador deste tipo é o gaseificador de transporte da Kellogg Brown and Root (KBR), para o qual a velocidade do gás no riser é de 11-18 m/s.

O objetivo deste desenvolvimento é demonstrar taxas de circulação, velocidades e densidades de

risers mais elevadas do que nos leitos circulantes convencionais, resultando num maior rendimento e em melhores taxas de mistura e de transferência de calor.
O combustível e o adsorvente (calcário para a remoção de enxofre) são alimentados ao reator através de tremonhas de eclusa separadas. São misturados na zona de mistura com oxidante e vapor, e com sólidos recirculados do tubo vertical. O gás com sólidos arrastados sobe da zona de mistura para o tubo ascendente.
A saída do riser dá duas voltas antes de entrar no desacoplador, onde as partículas maiores são removidas por separação por gravidade. As partículas mais pequenas são em grande parte removidas do gás no ciclone. Os sólidos recolhidos pelo desacoplador e pelo ciclone são reciclados para a zona de mistura através do tubo vertical e do J-leg.
O gás é arrefecido num refrigerador de gás de síntese antes da remoção de partículas finas num filtro de vela. Na instalação de demonstração, foram testadas velas de cerâmica e de metal sinterizado.

A temperatura do filtro de ensaio pode ser variada entre 370 e 870 C, contornando o arrefecedor de gás de síntese.

O adsorvente adicionado ao combustível reage com o enxofre presente para formar CaS. Juntamente com uma mistura de cinzas e carvão, este sai do reator pelo tubo vertical através de um arrefecedor de parafuso.

Estes sólidos e os finos do filtro de vela são queimados num incinerador atmosférico de leito fluidizado. A gaseificação tem lugar a 900-1000 C e a pressões entre 11 e 18 bar.

**iii) Gaseificador de leito fluidizado de aglomeração**

A ideia subjacente aos processos de aglomeração em leito fluidizado é ter uma área localizada de temperatura mais elevada onde a cinza atinge o seu ponto de amolecimento e pode começar a fundir-se.

O objetivo deste conceito é permitir uma aglomeração limitada de partículas de cinzas que, à medida que crescem, se tornam demasiado pesadas para permanecerem no leito e caem no fundo. Esta separação preferencial de partículas de cinzas com baixo teor de carbono foi concebida para permitir uma conversão de carbono mais elevada do que a convencional processos de leito fluidizado.

Uma vantagem potencial destes processos em relação aos leitos fluidizados convencionais é que o problema das cinzas lixiviáveis é menos grave devido à etapa de aglomeração das cinzas incorporada perto do(s) queimador(es) no fundo do reator.

O(s) queimador(es) destes gaseificadores são, na realidade, lanças de oxigénio/ar que têm duas funções: i) introduzir o gás de fluidificação,

11) criação de uma região quente (ocorre aglomeração de cinzas)

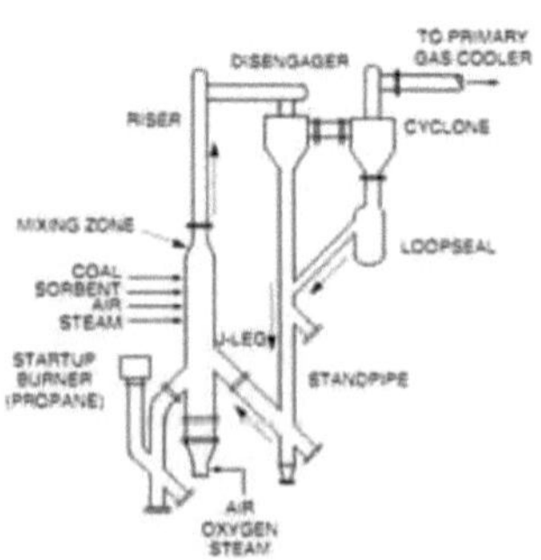


**Figure 2.4. KBR Transport Gasifier**

Como já foi referido, estas caraterísticas dois-em-um são agradáveis, mas colocam sempre restrições ao funcionamento, uma vez que se tenta operar no intervalo de temperatura "interdito" entre o ponto de amolecimento da cinza e o ponto de fusão da cinza.

Foram desenvolvidos dois processos que utilizam este princípio: a tecnologia U-gas desenvolvida pelo Institute of Gas Technology (IGT), atualmente oferecida pela Carbona, e o processo Kellogg Rust Westinghouse (KRW). Na China, foram instalados vários gaseificadores de gás U que funcionam a cerca de 4 bar.

### 2.2.3- GASEIFICADORES DE FLUXO ARRASTADO

As principais vantagens da utilização do fluxo arrastado são

A capacidade de utilizar praticamente qualquer carvão como matéria-prima e de produzir um gás limpo e sem alcatrão.

Todos os tipos de carvões* podem ser utilizados nestes processos, desde que sejam moídos com a dimensão correta.

A cinza é produzida sob a forma de uma escória inerte ou de uma frita.

O gaseificador preferido para carvões duros e foi selecionado para a maioria das aplicações IGCC de dimensão comercial.

Os gaseificadores de fluxo arrastado produzem o gás de síntese de melhor qualidade devido ao baixo teor de metano.

- -Calcinação intensa
- Os carvões variam de sub-betuminosos a antracite.
- O carvão vegetal e a lenhite podem, em princípio, ser gaseificados

Nos gaseificadores de fluxo arrastado, as partículas finas de carvão reagem com o vapor e o oxigénio que circulam em simultâneo. Todos os gaseificadores de fluxo arrastado são do tipo slagging, o que implica que a temperatura de funcionamento é superior ao ponto de fusão das cinzas. Este facto assegura a destruição de alcatrões e óleos e, se for adequadamente concebido e operado, uma elevada conversão de carbono de mais de 99%, embora algumas instalações de alimentação de pasta de água não o consigam. Os gaseificadores de fluxo arrastado têm necessidades relativamente elevadas de oxigénio e o gás bruto tem um elevado teor de calor sensível. A maioria dos processos de gaseificação de carvão mais bem sucedidos que foram desenvolvidos depois de 1950 são gaseificadores de escória de fluxo arrastado que funcionam a pressões de 20-70 bar e a temperaturas elevadas de pelo menos 1400 C.

As várias concepções de gaseificadores de fluxo arrastado diferem nos seus sistemas de alimentação (alimentação de carvão seco em estado fluidizado de alta densidade ou lamas de carvão-água), na contenção do recipiente para as condições quentes (refratário ou parede de membrana), nas configurações para a introdução dos reagentes e nas formas de recuperação do calor sensível do gás bruto.

Os dois tipos mais conhecidos de gaseificadores de fluxo arrastado são:

i) O gaseificador de alimentação de lama de água e carvão de topo, tal como utilizado no processo Texaco

ii) O gaseificador de alimentação lateral de carvão seco, desenvolvido pela Shell e pela Krupp-Koppers (Prenflo). Além disso, existe o gaseificador Noell de alimentação de carvão seco de combustão superior.

**A tabela 3 mostra alguns dos processos importantes de fluxo arrastado.**

**Quadro 3**

**Caraterísticas de importantes processos de fluxo arrastado**

| Processo | Fases | Alimentação | Fluxo | Parede do reator | Arrefecimento de gás de síntese | Oxidante |
|---|---|---|---|---|---|---|
| Koppers- | | | | | | |
| Totzek | 1 | seco | para cima | casaco | arrefecedor de gás de síntese | geração de oxigénio |
| Ela!!! SCGP | 1 | seco | para cima | membrana | arrefecedor de gás e de gás de arrefecimento | oxigénio |
| Prenflo | 1 | seco | para cima | membrana | arrefecedor de gás e de gás de arrefecimento | oxigénio |

| | | | | | | |
|---|---|---|---|---|---|---|
| Noé II | 1 | seco | dow n | membrana | arrefecedor de água e/ou arrefecedor de gás | oxigénio |
| T exaco | 1 | lama | para baixo | refratário | refrigerador waler ou refrigerador de gás | oxigénio |
| E-Gás | | siuny | para cima | refratário | gaseificação em duas fases | oxigénio |
| PCC (Japão) | | seco | para cima | | gaseificação em duas fases | ar |
| Águia | | seco | para cima | membrana | gaseificação em duas fases | oxigénio |

**i)O gaseificador atmosférico Koppers-Totzek**
**Descrição do processo:**

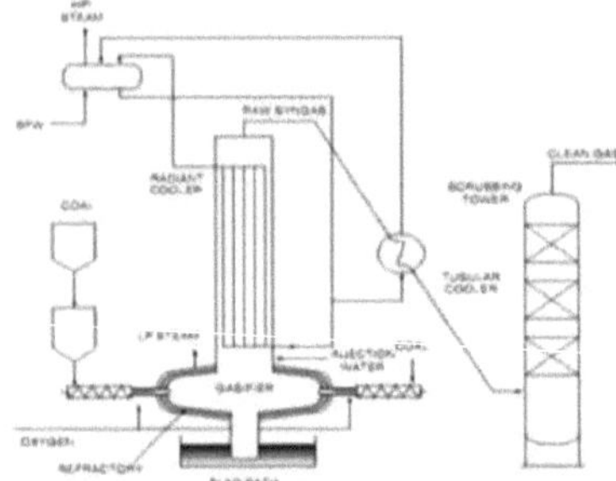

Figure 2.5- . Koppers-Totzek Gasifier

O reator KT possui queimadores laterais para a introdução de carvão e oxigénio, um gás de topo e uma saída inferior para as escórias. As primeiras unidades tinham uma capacidade de 5000Nm3/h e apresentavam dois queimadores diametralmente opostos que estavam situados em troncos horizontais (ver Figura 5-16).

As unidades posteriores dispunham de quatro queimadores que aumentavam a capacidade máxima para 32 000 Nm3/h. O gás que sai do topo do gaseificador a cerca de 1500 C é temperado com água perto do topo do reator a uma temperatura de cerca de 900 C, de modo a tornar as escórias não pegajosas, antes de entrar num refrigerador de syngas com tubo de água para a produção de vapor.

O reator possui uma camisa de vapor para proteger o invólucro de pressão de temperaturas elevadas. Uma parte significativa do calor sensível é transformada em vapor de baixa pressão na camisa, o que representa uma penalização energética considerável para o processo.

Os queimadores são do tipo pré-mistura, o que significa que a velocidade nos queimadores tem de ser bastante elevada para evitar flash backs. Para os queimadores pressurizados, a pré-mistura é considerada demasiado perigosa, pelo que nunca foi aplicada.

**ii) Processo de gaseificação de carvão da Shell (SCGP) e gaseificador Prenflo**

**Descrição do processo:**

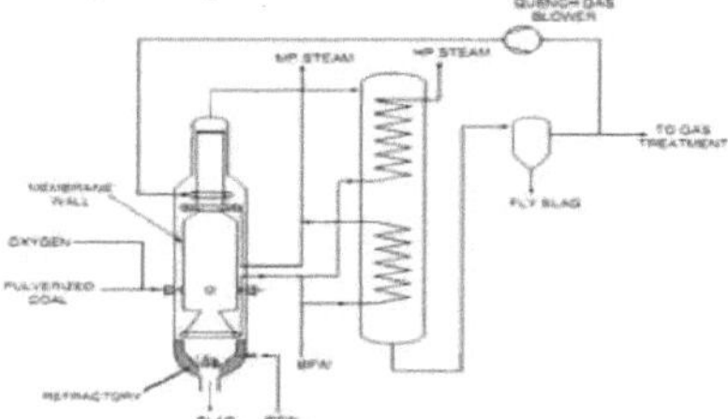

Fig. 2.6 Prenflo Gasifier

Os processos SCGP e Prenflo, que são muito semelhantes (Anon 1990), apresentam um número par (tipicamente quatro, ver Figura 5-17) de queimadores diametralmente opostos na parede lateral no fundo do reator, através dos quais o carvão pulverizado é introduzido numa fase densa utilizando um gás inerte como gás de arrastamento (van der Burgt e Naber 1983).

Os pequenos nichos em que estão colocados os queimadores são um resquício dos cones truncados dos gaseificadores KT. O volume principal de gaseificação constitui a parte cilíndrica vertical do gaseificador. Por conseguinte, os gaseificadores tornaram-se unidades de fluxo ascendente no que diz respeito ao fluxo de gás.

O carvão é moído numa unidade de moagem e secagem até atingir um tamanho de 90% inferior a 90 pm, pressurizado em tremonhas de eclusa, transportado como uma fase densa em azoto e misturado perto do bocal de saída do queimador com uma mistura de oxigénio e vapor.

A reação é muito rápida e, após um tempo de residência de 0,5 a 4 segundos, o produto gasoso sai do reator pelo topo, enquanto a escória sai por uma abertura no fundo do reator, onde é arrefecida num banho de água.

Nos tubos, é gerado vapor que é utilizado para a produção de energia adicional no ciclo combinado.

A perda de calor através da parede depende da quantidade e qualidade das escórias e da dimensão do reator, situando-se geralmente entre 2 e 4% do calor de combustão do carvão.

**iii)O gaseificador Noell**

**Descrição do processo**

O processo Noell é caracterizado por um reator de combustão superior em que os reagentes são introduzidos no reator através de um único queimador montado centralmente.

Este conceito tem uma série de vantagens especiais, para além das que são genéricas a todos os sistemas de alimentação a seco. Estas incluem a construção simétrica rotativa simples sem penetrações na parede do cilindro, o que reduz os custos do equipamento.

Em segundo lugar, a utilização de um único queimador reduz a três o número de fluxos a controlar (carvão, oxigénio e vapor).

Em terceiro lugar, a escória e o gás quente saem juntos da secção de gaseificação do reator, o que reduz o potencial de bloqueios na torneira de escória e permite a extinção parcial ou total da água, dependendo da aplicação.

Dentro deste conceito geral, há uma série de variações diferentes de conceção do reator para o gaseificador Noell, que podem ser selecionadas e optimizadas para diferentes matérias-primas. A Figura 5-18a mostra o reator com um crivo de arrefecimento em espiral, normalmente utilizado para combustíveis convencionais que contêm cinzas (carvão, lenhite) e líquidos (óleos residuais, alcatrões e lamas).

O crivo de arrefecimento é coberto com uma camada de SiC castible e uma camada de escória fundida. A secção inferior do reator inclui um arrefecimento parcial.

A Figura 5-18b mostra um reator com parede de arrefecimento, que é utilizado para aplicações com alimentação de baixo ou nulo teor de cinzas, como gás ou resíduos líquidos orgânicos.

Foi desenvolvido um terceiro tipo de reator, que também utiliza um crivo de arrefecimento, mas com um arrefecimento total, para a gaseificação de licor negro.

**iv) O gaseificador Texaco**

**Descrição do processo**

O processo Texaco de gaseificação do carvão utiliza um gaseificador de fluxo arrastado com alimentação de lama. O invólucro do reator é um recipiente refratário não arrefecido.

Tal como acontece com os seus processos de gaseificação de petróleo e gás, a Texaco mantém a flexibilidade nos conceitos de arrefecimento de gás de síntese, oferecendo tanto uma caldeira radiante como um arrefecimento total. A seleção entre estas duas alternativas é uma questão de economia para a aplicação específica.

A matéria-prima de carvão ou coque de petróleo é moída a húmido até atingir uma dimensão de partícula de cerca de 100 pm e é polvilhada em equipamento essencialmente convencional. A lama é carregada para o reator com uma bomba de membrana.

A pressão do reator é tipicamente de cerca de 30 bar para aplicações IGCC, onde não há expansor de gás
incluídos no regime.

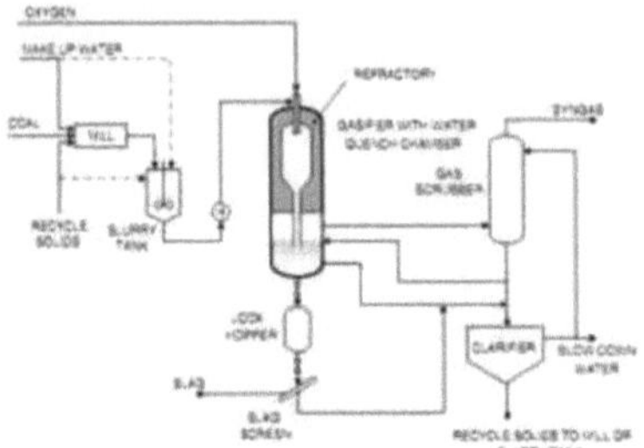

Fig. 2.7 Texaco Gasifier

Para aplicações químicas, pode atingir 70 a 80 bar. A alimentação de lama é introduzida no reator com o oxidante (normalmente oxigénio) através do injetor de alimentação (queimador), que está localizado centralmente na parte superior do gaseificador.

A gaseificação tem lugar a temperaturas de escória, tipicamente cerca de 1500 C, dependendo da qualidade das cinzas da alimentação (Figura 5-19).

Na configuração de arrefecimento, o gás de síntese quente sai do reator pelo fundo juntamente com as cinzas líquidas e entra na câmara de arrefecimento. O sistema de arrefecimento da Texaco proporciona um arrefecimento total, de modo que o gás deixa a câmara de arrefecimento totalmente saturado de água a uma temperatura entre 200 e 300 C.

Para aplicações químicas, como o fabrico de hidrogénio ou amoníaco, estas são condições adequadas para a conversão direta de CO. As partículas e o cloreto de hidrogénio são removidos do gás num depurador a quente antes de entrar no leito do catalisador.

A cinza solidifica-se em escória no recipiente de arrefecimento e sai através de um funil de eclusa. A água que sai do funil de eclusa é separada da escória e reciclada para a preparação da lama.

Na configuração do arrefecedor radiante (Figura 5-20), que foi utilizada nos projectos Cool Water e Polk

Nas instalações IGCC, o potencial de recuperação de calor é plenamente aproveitado para obter a máxima eficiência. A preparação da alimentação e o gaseificador são idênticos à configuração de arrefecimento.

Partículas.

A escória fundida cai no banho de arrefecimento no fundo do refrigerador onde solidifica. Tal como na configuração de arrefecimento, a escória é removida através de um sistema de tremonha de fecho. O gás que sai do arrefecedor radiante é depois arrefecido num arrefecedor de convecção de tubo de fogo horizontal a uma temperatura de cerca de 425 graus C.

Ambos os refrigeradores são utilizados para elevar o vapor de alta pressão. Na fábrica de Polk, a pressão do vapor é de 115 bar.

**v) Caraterísticas dos vários processos de gaseificação do carvão**

| **Gaseificação processo** | **Gasifine mediana** | **Tipo de leito do reator** | **Temperatura Grau C** | **Pressão kg/cm quadrado** | **C.V do produto Gás kcal/nm cubo** |
|---|---|---|---|---|---|

| **Lurgi** | Vapor_de_oxigénio | Cama fixa | 260-420(em cima)<br><1029 (fundo) | 20-30 | 2850-3200 |
|---|---|---|---|---|---|
| **Winkler** | Vapor_de_oxigénio | Fluidificado | 800-950 | Atmosférico | 2600 |
| | E Air_steam | | | | |
| | Oxigénio ou limitado | | | | |
| **Kopper-** | Vapor_de_oxigénio | Arrastado | 1000-1300 | Atmosférico | 2450-2700 |
| **totzek** | Vapor_de_oxigénio | Arrastado | 1480 (primeira fase) | 75 | - |
| **Bigas** | Vapor_de_oxigénio | | 925 (segunda fase) | | |
| | | Fluidificado | 950-1000 | 70 | |
| **Sythnane** | Ar no regenerador | | | | |

|  |  |  |  |  |  |
|---|---|---|---|---|---|
|  | vapor no gaseificador | Fluidificado | 860 | 10-20 |  |
| **$CO_2$ ,aceitador** | Hidrogénio no desgaseificador |  |  |  |  |
| **hygas** |  | Fluidizado | 650(1st stage) 925-980(2nd stage) | 70-100 | 4770 |

O gás de síntese quente sai do gaseificador pelo fundo e entra no arrefecedor radiante, onde é arrefecido a cerca de 760 graus C.

### 2.2.4 Gaseificação in situ

**Antecedentes históricos**

A gaseificação do carvão in situ tem uma série de atractivos óbvios. Este processo tem o potencial de explorar recursos que, de outra forma, não seriam fácil ou economicamente acessíveis. Também eliminaria os riscos de segurança e os custos associados à extração subterrânea. As cinzas seriam deixadas no subsolo.

A primeira proposta registada de gaseificação subterrânea do carvão (UCG) foi apresentada por Siemens em 1868, seguida por Mendeleyev 20 anos mais tarde. As primeiras experiências no Reino Unido foram interrompidas com o advento da Primeira Guerra Mundial. Não houve mais trabalhos até à década de 1930, quando foi iniciada uma estação experimental na bacia carbonífera de Donetsk, na então União Soviética, a que se seguiu uma instalação comercial em 1940 (Weil e Lane 1949).

A gaseificação subterrânea prosseguiu numa série de locais na União Soviética até ao final da década de 1970, com uma produção de gás de cerca de 25 000 milhões de Nm3 a partir de cerca de 6,6 milhões de toneladas de carvão (Okten 1994). Esta produção provinha de veios de 50 a 300 m de profundidade.

Nos anos 80, foram exploradas algumas pequenas unidades experimentais nos Estados Unidos. Na Europa, foram realizados ensaios na Bélgica (1986-1987) e depois em Espanha. O ensaio espanhol tinha como objetivo demonstrar a viabilidade da UCG utilizando técnicas modernas de perfuração direcional a uma profundidade de 600 m. A operação experimental durou um período de 300 horas, durante o qual foram gaseificadas 290 toneladas de carvão (Green e Armitage 2000).

O conceito básico de UCG consiste em perfurar um ou mais poços na camada de carvão onde a explosão é injectada e outros a partir dos quais o gás combustível pode ser recolhido. Existem vários métodos diferentes que têm sido utilizados para ligar os poços de injeção e de gás, alguns dos quais são descritos por Okten (1994).

Embora a ideia de base seja simples, há ainda muitas dificuldades práticas a ultrapassar e é já evidente que a tecnologia só pode ser aplicada a certos tipos de jazidas de carvão.

A hidrogeologia da jazida é importante, uma vez que a entrada excessiva de água tornaria o processo não económico e a fuga de gás para as reservas subterrâneas de água poderia representar um risco ambiental. Foi experimentada a gaseificação com ar e com oxigénio. Com o ar, é produzido um gás de muito baixo Btu, enquanto que com o oxigénio o custo da explosão e as perdas tornam o processo muito dispendioso. Por estas e outras razões, ainda não se registou qualquer desenvolvimento comercial. Existe atualmente um projeto ativo na Austrália (Walker, Blinderman e Brun 2001). As operações com injeção de ar começaram em dezembro de 1999 e, até à data (outubro de 2002), foram gaseificadas cerca de 32 000 toneladas de carvão. A capacidade máxima de produção de gás é de 80.000Nm3/h. O gás com um poder calorífico de cerca de 5MJ/m3 é produzido a uma pressão de 10 bar e a uma temperatura de 300 C. Durante esta fase de demonstração, o gás foi queimado . A operação foi encerrada enquanto se aguarda a instalação de uma turbina a gás.

# CAPÍTULO 3

**Deserto de Thar, Sindh**

## 3.1 Carvão de Thar

A jazida de carvão de Thar está situada na parte sudeste de Sindh. A primeira indicação da presença de carvão sob as areias do deserto de Thar foi registada durante a perfuração de poços de água pela Agência Britânica de Desenvolvimento Ultramarino (ODA), em coordenação com a Autoridade de Desenvolvimento da Zona Árida de Sindh (SAZDA), em 1992. A jazida de carvão de Thar, com um potencial de recursos de 175,5 milhões de toneladas de carvão, cobre uma área de 9000 km2 no deserto de Tharparkar. A zona carbonífera está coberta por dunas de areia estáveis. A fim de estabelecer os recursos de carvão nos seis blocos selecionados (mapa apresentado), foi efectuado um total de 239 furos com um espaçamento de um quilómetro. Os recursos carboníferos dos seis blocos são estimados em 12 778 milhões de toneladas, como se pode ver na figura 1, e os depósitos do campo carbonífero de Thar são apresentados no quadro 1.

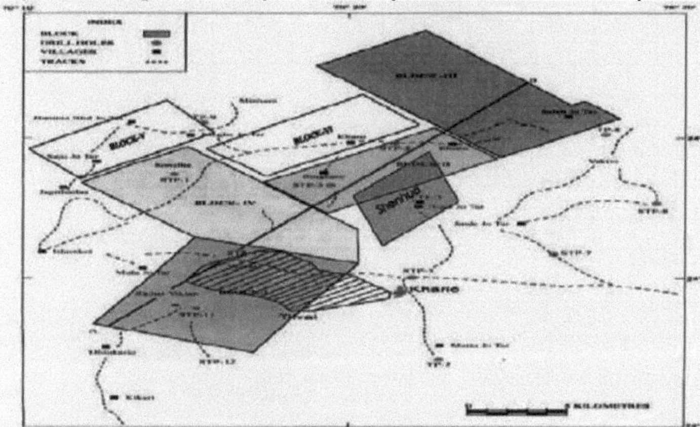

**Figura 1: Blocos I-VI da jazida de carvão de Thar**

| Blocos | Área (km2) | Furos | Costura Espessura (m) | Profundidade (m ) | Depósitos (mil milhões de tons) | | | |
|---|---|---|---|---|---|---|---|---|
| | | | | | Medido | Indicado | Inferido | Total |
| BLOCO-1 | 122.0 | 43 | 8-36 | 137-189 | 0.620 | 1.918 | 1.028 | 3.566 |
| BLOCO-II | 55.0 | 43 | 7.5-31 | 117-166 | 0.640 | 0.944 | - | 1,584 |
| BLOCO-III | 99.5 | 41 | 7.2-25 | 1 14-203 | 0.413 | 1,337 | 0.258 | 2.008 |
| BLOCO-IV | 32 | 42 | 10.7-3345 | 117-166 | 0.684 | 1.71 1 | 0.076 | 2.471 |
| B|ock-V | 63.5 | 35 | 16.74-30.9 | 117-166 | 0.637 | 0.757 | - | 1.394 |

| B|ock-V| | 66.1 | 35 | S-20.7 | 1 15 | 0.762 | 0.893 | - | 1.655 |
|---|---|---|---|---|---|---|---|---|
| TOTAL | 488.1 | **239** | | | 3.756 | 7.560 | **1.362** | 12.772 |

Fonte: Departamento de Desenvolvimento de Minas e Minerais, Governo de Sindh

**Quadro 1: Depósitos por blocos dos campos de carvão de Thar.**

**Quadro 2: Média ponderada das análises químicas dos blocos individuais I-VI. Carvão do Thar**

| S.No. | Area | As Received Values (%) | | | | | Heating Values (Btu/lb) | | | | Volatile Matter (%) |
|---|---|---|---|---|---|---|---|---|---|---|---|
| | | Moi-sture | Ash | Volatile Matter | Fixed Carbon | Sulp-hur | As Received | Dry | Dry Ash Free | Mineral Matter Moisture Free | Dry Ash Free |
| 1. | Block-I | 43.13 | 6.63 | 30.11 | 20.11 | 0.92 | 6,398 | 10,461 | 11,605 | 6,841 | 60.00 |
| 2. | Block-II | 48.89 | 5.21 | 26.55 | 19.37 | 1.06 | 5,780 | 11,353 | 12,613 | 6,106 | 57.72 |
| 3. | Block-III | 46.41 | 6.14 | 28.51 | 19.58 | 1.12 | 5,875 | 10,880 | 11,789 | 6,288 | 59.76 |
| 4. | Block-IV | 43.24 | 6.56 | 29.04 | 21.13 | 1.20 | 5,971 | 10,723 | 12,111 | 6,413 | 57.67 |
| 5. | Block-V | 36.82 | 8.92 | 38.24 | 28.22 | 1.20 | 4,748 | | | | |
| 6. | Block-VI | 38.32 | 7.62 | 38.22 | 20.13 | 1.52 | 10,514 | | | | |

Source: Mines & Minerals Development Department, Government of Sindh

Jazida de carvão de Thar

- The thickest coal bed called the "Thar Coal Seam" is persistent over most of the area in the six blocks.
- It is present between 115 and 203 meters depth.
- The seam attains a maximum thickness of 36 meters.
- The cumulative thickness in the blocks varies between 7.2 to 36 meters.
- The thickness of over burden varies from 114 to 137 meters.

### 3.2 Dimensão do recurso:

Os recursos de carvão de lenhite de Thar foram inicialmente estimados em cerca de 135 mil milhões de toneladas, tendo sido posteriormente aumentados para 175 mil milhões de toneladas após revisão dos dados pelo USGS (Serviço Geológico dos Estados Unidos) e pelo GSP (Serviço Geológico do Paquistão). Esta estimativa baseava-se em furos de sondagem distanciados numa área de 9000 km2, o que significava uma estimativa de fonte de cerca de 194 milhões de toneladas de lenhite por km2. Estas estimativas iniciais continuam a revelar-se corretas através de explorações mais intensas, com a escavação de 40-45 furos por cada 100 km2 e a comprovação dos recursos através da realização de testes de acordo com as normas internacionais. Os resultados destas explorações, efectuadas numa área de cerca de 1200 km2, forneceram até agora valores ainda mais elevados de reservas comprovadas de cerca de 200 a 350 milhões de toneladas de lenhite por km2 do que as estimativas anteriores, que eram de cerca de 194 milhões de toneladas de lenhite por km2. Por conseguinte, pode agora afirmar-se com certeza que estes recursos acabarão por ter uma dimensão muito superior à das estimativas anteriores.

De acordo com as taxas de conversão normais, os recursos de carvão de lenhite de Thar são equivalentes a cerca de 50 mil milhões de toneladas de petróleo, o que é mais do que os recursos petrolíferos combinados da Arábia Saudita e do Irão. Em termos de reservas de gás, estas são cerca de 68 vezes superiores aos actuais recursos de gás natural no Paquistão.

A exploração de 13 blocos (cerca de 1200 km2 ou 13% da reserva total) dá-nos a seguinte imagem:

| **Bloco** | **Veios de carvão acumulados Metros** | | **Reservas estimadas** |
|---|---|---|---|
| | **Mínimo** | **Máximo** | **milhões de toneladas** |

| 1 | 8.08 | 36 | 3566.91 |
|---|---|---|---|
| II | 7.52 | 30.89 | 2000.00 |
| III A | 7.15 | 24.58 | 2008.04 |
| III B | 3.78 | 30.78 | 1453.00 |
| IV | 10.74 | 33.45 | 2471.51 |
| V | 7.55 | 24.60 | 1394.00 |
| VI | 4.25 | 27.00 | 1665.00 |
| VII | 6.82 | 24.44 | 2175.95 |
| VIII | 1.45 | 42.60 | 3035.86 |
| IX | 11.99 | 31.45 | 2862..25 |
| X | 10.55 | 34.91 | 2947.80 |
| XI E XII | Reservas previstas | | 5600 |
| Total Reservas comprovadas | Em 13% da área | Jazida de carvão de Thar | 31,169 mil milhões de toneladas |

**3.3 Desenvolvimentos iniciais:**

A localização deste recurso no deserto de Thar constituiu uma espécie de desafio para a sua exploração inicial. Em 1993, o governo começou a trabalhar no desenvolvimento de infra-estruturas e formou a Sindh Coal Authority para racionalizar os esforços e facilitar o investimento. do famoso Sr. Gordon Wu surgiu com o proposta de desenvolvimento do projeto de extração de carvão de Thar. Mais tarde, após a mudança de governo e a perceção da abundância de eletricidade devido à introdução de cerca de 6000 MW de carga no sistema pelas IPP, o governo não sentiu a urgência de desenvolver este recurso nacional. Continuámos a pagar as nossas preciosas divisas com o petróleo importado necessário para alimentar a nossa produção de energia, cujo custo continuou a aumentar com a subida dos preços do petróleo.

**3.4 Shenhua - uma oportunidade perdida:**

Em 2002, o Presidente da China, a pedido do seu homólogo paquistanês, enviou uma equipa de 136 engenheiros de minas de carvão, geólogos, hidrogeólogos e especialistas em centrais eléctricas com a M/s Shenhua Group, uma das principais empresas chinesas de extração de carvão e de produção de energia, a fim de abrir os recursos carboníferos de Thar para utilização comercial. A empresa, com as suas décadas de experiência e conhecimentos de classe mundial, estabeleceu um campo no deserto e trabalhou na jazida de carvão de Thar durante um período de dois anos. Em 2004, a empresa elaborou um relatório de viabilidade exaustivo que concluiu que os recursos de lenhite de Thar eram adequados para a extração comercial e propôs uma extração a céu aberto com uma produção de energia à boca da mina de 600 MW na primeira fase, a aumentar para 3000 MW com base nas reservas de lenhite do Bloco II, com uma área de 55 km2 (0,6% da área da jazida de carvão de Thar, com 9000 km2).

O Grupo Shenhua pediu uma tarifa de 5,6 cêntimos de dólar americano por KWH para a eletricidade gerada pelo seu projeto de energia proposto. Pediram apenas uma linha de transmissão ao Governo Federal. Nessa altura, comprávamos eletricidade a IPPs com base em petróleo importado a 6,5 cêntimos de dólar americano por KWH. No entanto, as autoridades da WAPDA, sem qualquer conhecimento ou experiência em centrais eléctricas a carvão, insistiram numa tarifa de 5,3 cêntimos de dólar por KWH. Apesar dos conselhos da nossa missão em Pequim e da insistência do Governo de Sindh, bem como do Ministério da Água e da Energia, as autoridades da WAPDA mantiveram o seu ponto de vista e as negociações fracassaram. Os chineses retiraram-se em 2005, o que representou um verdadeiro avanço para o sector energético paquistanês, que passou a explorar os seus recursos energéticos internos. Um relatório de viabilidade subsequente da empresa alemã RWE, financiado pelos governos federal e de Sindh, provou que o custo comercial real da produção de energia no primeiro projeto de produção de energia a partir do carvão de Thar, de acordo com as normas europeias, poderia atingir 7,6 cêntimos de dólar dos EUA por KWH. Assim, os chineses estavam a oferecer-nos um bom negócio, mas nós perdemos essa oportunidade de ouro. O custo que todos nós pagámos e ainda estamos a pagar é o aumento das tarifas para a energia à base de petróleo (agora até 22 cêntimos de dólar por KWH), a perda de milhares de milhões de dólares de divisas em importações de petróleo, a dívida circular resultante, a crise energética e a perda de crescimento económico. A volatilidade dos preços do petróleo em 2007 fez com que a nossa economia estivesse quase na bancarrota, obrigando-nos a procurar financiamento em condições difíceis.

### 3.5 O renascimento em 2008:

A retirada da empresa chinesa em 2005 enviou um sinal negativo aos investidores e às empresas mineiras internacionais sobre a nossa seriedade na utilização dos nossos recursos naturais. Até 2008, nenhuma empresa local ou internacional de renome ofereceu qualquer projeto para a jazida de carvão de Thar.

Em maio de 2008, o Governo de Sindh, através do Departamento de Desenvolvimento de Minas e Minerais (o antecessor do Departamento de Carvão e Energia), ofereceu uma empresa comum, uma parceria público-privada, ao sector privado com uma participação de 60:40 (Privado: GOS) e controlo de gestão pelo parceiro privado. Um esforço de marketing sério permitiu reacender o interesse de alguns grandes grupos privados locais e estrangeiros. Foi constituída uma empresa comum com o nome de Sindh Engro Coal Mining Company, que começou a trabalhar nas obras deixadas inacabadas pelos chineses no Bloco II. Os governos federal e provincial criaram o Conselho do Carvão e da Energia de Thar, presidido pelo Ministro-Chefe de Sindh e vice-presidido pelo Ministro Federal da Água e da Energia, sendo membros do Conselho todos os ministros federais e provinciais competentes. Atualmente, o conselho oferece uma janela única aos investidores no sector mineiro e da produção de energia na bacia carbonífera de Thar.

A partir daí, o interesse dos investidores, tanto a nível local como internacional, continuou a crescer e, atualmente, temos os seguintes projectos em diferentes fases de desenvolvimento/avaliação:

| Área | Nome do Empresa | Extração de carvão | Potência Geração | Estado |
|---|---|---|---|---|
| Bloco I | Mineração global Empresa de China | 5,0 milhões de toneladas por ano - mineração a céu aberto | 900 MW inicialmente para ser aumentado para 3000 MW | Viabilidade bancária por março de 2012 . Exploração mineira até junho de 2012 |
| Bloco II | Sindh Engro Coal Mining Company | 6,5 milhões de toneladas por ano - mineração a céu aberto | 1200 MW inicialmente a ser aumentada para 2400 MW | Viabilidade bancária concluída. Fecho financeiro previsto para junho de 2012. Exploração mineira no final de 2012 |

| | | | | |
|---|---|---|---|---|
| Bloco IV | Proposta de um grande conglomerado chinês* em análise | Irá preparar viabilidade | 1500 MW a serem aumentado para 3000 MW | Previsto para começar a trabalhar no estudo em março de 2012 |
| Bloco V | Sob gaseificação de carvão Projeto das GOP/GOS | Não há extração mineira envolvidos | Projeto-piloto de 100 MW | Teste de combustão efectuado. |
| Bloco VI | Oracle Coalfield ofUnited Reino Unido | 5 milhões de toneladas por ano - minas a céu aberto | 300 MW na boca da mina e Fornecimentos para centrais eléctricas noutras partes da província | Viabilidade bancária concluída. O encerramento financeiro está previsto para 2012. A exploração mineira deverá começar no final de 2012. |
| Bloco VIII | Proposta de um consórcio europeu* em análise | Irá preparar viabilidade | 300 MW a serem aumentados para 1000 MW | Previsto para começar a trabalhar no estudo em março de 2012 |
| Bloco IX | Proposta de um consórcio americano* em análise | Irá preparar viabilidade | 1500 MW a serem aumentados para 3000 MW | Previsto para começar a trabalhar no estudo em março de 2012 |

*Os nomes não são indicados, uma vez que as propostas ainda não foram finalizadas pelo Thar Coal & Energy Board*

### 3.6 Campo de carvão de Thar

A jazida de carvão de Thar situa-se entre as latitudes 24-'15' N e 25° 45' N e as longitudes 69° 45' E e 70 45 E, na parte sudeste da província de Sindh, na toposheet n.º 40-L/2 e 5 do Survey of Pakistan. O acesso à zona de Thar faz-se por estrada metálica através de Hyderabad, Mirpurkhas e Naukot. Fica a cerca de 380 km de Karachi por estrada.

O Serviço Geológico do Paquistão (GSP) descobriu enormes depósitos de carvão em 1992 em Thar durante o programa de investigação assistido pelo Serviço Geológico dos Estados Unidos (USGS). A jazida de carvão estende-se por uma área de mais de 9100 quilómetros quadrados, com dimensões de 140 km (norte-sul) e 65 km (leste-oeste), com reservas estimadas em 175,506 mil milhões de toneladas. O mapa de localização da jazida de carvão de Thar encontra-se na Figura 2.

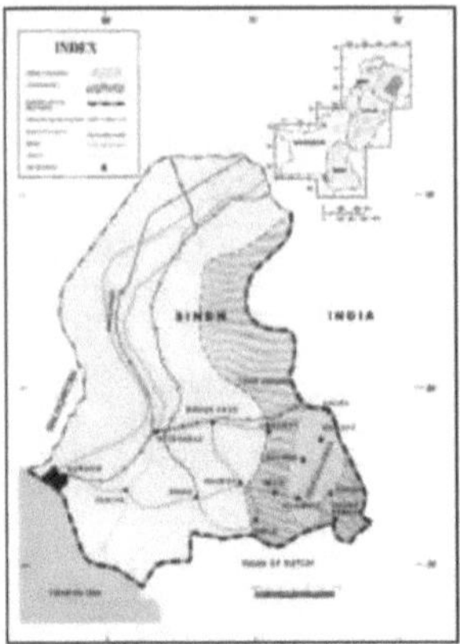

Figure 2: Location Map of Thar Coal Field, Sindh, Pakistan.

## 3.7 Geologia da jazida de carvão de Thar

Os estudos realizados até à data mostram que a bacia carbonífera de Thar assenta diretamente em rochas basais relativamente pouco profundas e clivadas, de idade pré-cambriana tardia. A área está completamente coberta por dunas de areia. Com base nos dados dos furos de sondagem, foram identificadas quatro unidades litoestratigráficas subterrâneas. As unidades são Areia de duna (recente). Depósitos Aluviais (Sub-Recente), Formação Bara (Paleocénico) e Complexo Basal (Pré-Câmbrico). A Areia das Dunas (50-90 metros de espessura) é constituída por areia, silte e argila.

Os depósitos aluviais (11-127 metros de espessura) são constituídos por arenitos, siltitos e argilitos. A Formação Bara (50-125 metros de espessura) é constituída por argilito, xisto, arenito e carvão, enquanto o Complexo Basement é constituído principalmente por rochas graníticas. Os dados de perfuração indicaram três aquíferos (zonas portadoras de água) a uma profundidade média de 50, 120 e mais de 200 metros. A qualidade da água é salobra a salina.

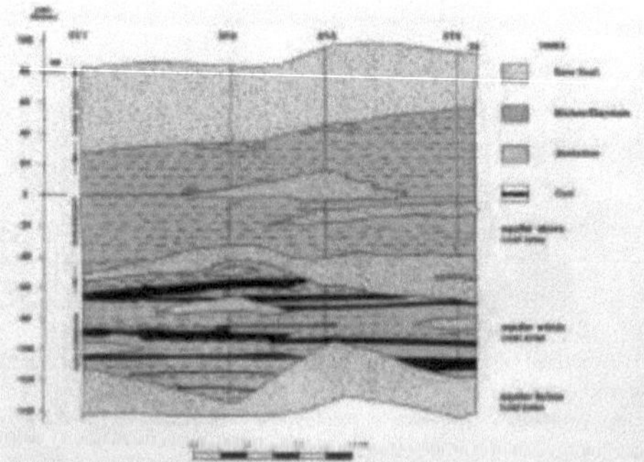

Figura 3: Secção transversal mostrando diferentes aquíferos em Saleh Jo Tar. Bloco-UL Thar Coalield Sindh. Paquistão

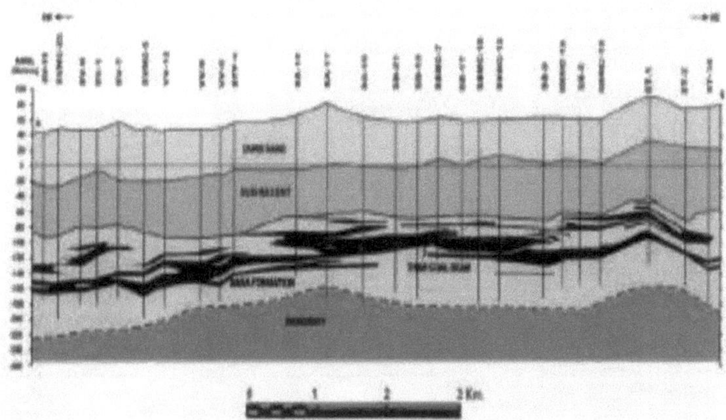

Figura 4: Corso-Sec generalizado através dos blocos-L IV. II e m Thar C oaffield. Sindh. Paquistão

A camada de carvão mais espessa, denominada "Thar Coal Seam", persiste na maior parte da área dos seis blocos. Está presente entre 114 e 203 metros de profundidade. O filão atinge uma espessura máxima de 22,81 metros e tem uma espessura de cerca de 20 metros na maior parte da área. A espessura acumulada do carvão nos blocos varia entre 7,15 e 36,00 metros. A espessura da camada de cobertura varia de 114 a mais de 200 metros.

## 3.8 Campo de carvão de Thar Águas subterrâneas

A água subterrânea em Thar é salgada. Existem três aquíferos a uma profundidade média de 50m, 120m e mais de 200m. O primeiro aquífero encontra-se acima da zona carbonífera e a sua espessura é de até 5 metros. O segundo aquífero encontra-se dentro da zona carbonífera a 120 metros de profundidade e tem uma espessura variável até 69 metros. O terceiro aquífero encontra-se abaixo da zona carbonífera a 200 metros de profundidade e tem uma espessura variável até 47 metros. A Tabela 3 mostra a análise química da água subterrânea.

| Parameters | | Base Aquifer | | | Top Aquifer | | | | | | |
|---|---|---|---|---|---|---|---|---|---|---|---|
| | | RE 51 well | RE 52 well | Khario well | Varvai 1 | Varvai 2 | Tilvai 1 | Tilvai 2 | Kharo 3 | Kharo 4 | Indus Water Nadkot |
| pH value | | 7.21 | 7.20 | 7.51 | 6.90 | 8.30 | 8.32 | 8.17 | 8.13 | 8.22 | 8.06 |
| Conductivity | µS/cm | 10,990 | 10,860 | 14,750 | 6,180 | 6,840 | 15,700 | 21200 | 11,990 | 7,680 | 490 |
| Total Dissolved | T.D.S | 7680 | 7500 | 10200 | 4220 | 4790 | 11114 | 14800 | 8390 | 4464 | 310 |
| solids | | | | | | | | | | | |
| Total hardness | $CaCO_3$ | 680 | 920 | 1640 | 180.0 | 228 | 344 | 506 | 740 | 175 | 190 |
| Calcium | $Ca^{++}$ mg/L | 152 | 174 | 206 | 8.0 | 14.00 | 40 | 60 | 88 | 10 | 26 |
| Magnesium | $Mg^{++}$ mg/L | 158 | 112 | 150 | 32.0 | 68.00 | 75 | 104 | 151 | 40 | 16 |
| Sodium | $Na^{+}$ mg/L | 1620 | 1700 | 2181 | 1012 | 1440 | 2630 | 5530 | 1785 | 1184 | 26 |
| Potassium | K+ mg/L | 24 | 27 | 40 | 40 | 40 | 40 | 70 | 40 | 53 | 6 |
| Iron soluble | $Fe^{++}$ mg/L | 0.5 | 0.06 | 0.16 | 0.1 | 0.05 | 0.04 | 0.04 | 0.02 | 0.07 | 0.14 |
| Manganese | $Mn^{++}$ mg/L | 0.35 | Traces | 0.25 | 0.34 | Traces | 0.65 | 1.28 | 0.12 | Traces | 0.02 |
| Chloride | $Cl^{-}$ mg/L | 2760 | 3680 | 3380 | 1580 | 2162 | 3380 | 4680 | 2620 | 2190 | 18 |
| Bicarbonates | $HCO_3$ mg/L | 240 | 250 | 346 | 456 | 480 | 500 | 768 | 216 | 444 | 120 |
| Nitrate | $NO_3$ mg/L | 44 | 54 | 178 | 52 | 52 | 20 | 55 | 155 | 58 | 4.00 |
| Sulphate | $SO_4$ mg/L | 210 | 180 | 450 | 180 | 278 | 488 | 608 | 450 | 240 | 40 |

**Tabi# 3: Análise da temperatura da água e do gelo no depósito de carvão TLar**

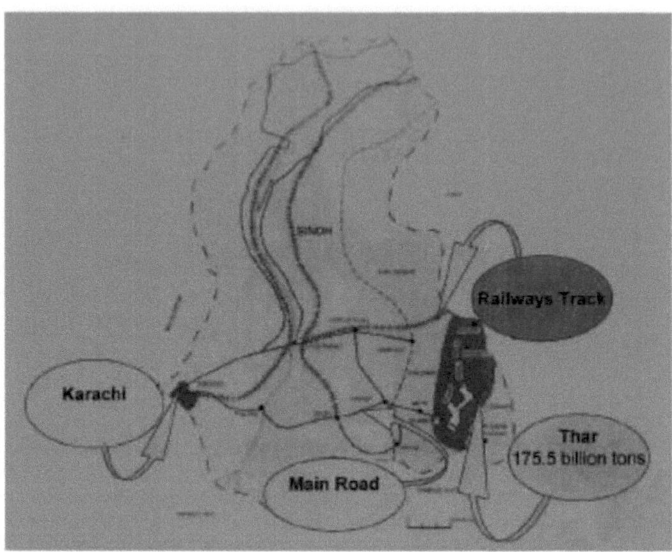


**Figura 5: Rede rodoviária que liga os campos de carvão de Thar.**

### 3.10 Thar Lignite Semelhança com outros países

A extração de carvão em Thar não é um grande desafio. A extração

O rácio de 6:1 é comparável a vários outros campos de carvão de lenhite no mundo. A sobrecarga de 150 m em Thar também não é invulgar. Em todo o mundo, está a ser extraído carvão com 200 m. A sobrecarga é constituída por material solto, como areia, argila e camadas de pedra arenosa com 0,2 m de espessura. A remoção deste tipo de sobrecarga pode ser efectuada por escavadoras e não é necessária maquinaria especializada. O clima rigoroso

no verão e a falta de solidez do solo constituem um desafio para o transporte e para a capacidade da maquinaria de funcionar num ambiente poeirento de alta temperatura.

Rácio de despojamento. Variação da geração de energia de aquecimento para lignite semelhante noutros países

' Índia: Senelli lignite TJ

Reno de aquecimento = £20* Etulb

Geração TetaL = 2740 MW

- Alemanha: Klunelan-d lignite 4,5:1

Raina de aquecimento = 4.514 tn HIM Etu.' Lb

TetaL género tien = 1(1,2119 MW

' Hungria Linhite 9:1 (mJzfj

Raina de aquecimento = J.0J5 Etu.' lb

TetaL gera tien = 1352 MW

Thar: lenhite6:1

6209 -11,000 EtuTb

Produção da Tefal = 9 MW

Carvão utilizado na produção de eletricidade e reservas de lenhite

| | % da eletricidade produzida a partir do carvão | Reservas de lenhite Mil milhões de toneladas |
|---|---|---|
| **África do Sul** | **94** | **30.15*** |
| **Polónia** | **93** | **1.37** |

| China | 81 | 18.6 |
|---|---|---|
| Austrália | 76 | 37.2 |
| Israel | 71 | - |
| Cazaquistão | 70 | 12.1 |
| Índia | 68 | 4.5 |
| República Checa | 62 | 0.98 |
| Marrocos | 57 | - |
| Grécia | 55 | 3.02 |
| EUA | 49 | 30.16 |
| Alemanha | 49 | 40.6 |
| Média mundial | 41 | 195.38 |
| Paquistão | 0.1 | 186.2** |

* Apenas reservas de sub-betuminosos e antracite

** Os recursos de carvão do Thar estão estimados em cerca de 17 mil milhões de toneladas. A reserva comprovada só em 13 blocos explorados é superior a 31 mil milhões de toneladas

### 3.11 Infra-estruturas na jazida de carvão de Thar.

**Eletricidade:** alimentador de 11 kV que emana da Estação de Rede de Islamkot para o Projeto de Carvão de Thar com transformador de 200 watts e energizado.

**Linha de transporte de 500 kV:** A WAPDA instalou uma linha de transporte de 500 kV até ao local de extração mineira.

**Telefone:** A instalação de cabos de fibra ótica entre as centrais de Mirpurkhas e Mithi foi concluída. Está prevista a instalação de uma torre-guia de 100 pés de altura (1" de diâmetro) no sítio carbonífero de Thar com equipamento DRS. A instalação telefónica está disponível até Islamkot.

**Abastecimento de água:** A linha de abastecimento de água de Mithi para Islamkot e de Islamkot para as minas de carvão (Thario Halepoto) foi concluída e o reservatório de água de 6 galões está disponível no local da mina de carvão. No local (Bloco II), estarão disponíveis 03 galões de água por dia. Além disso, foram instaladas em Sobharo Shah e Islamkot (perto da jazida de carvão de Thar) duas instalações de osmose inversa para dessalinização da água, a fim de fornecer água potável aos investidores e à população local

**Construção de uma pista de aterragem:** - O projeto de construção de uma pista de aterragem em Islamkot, no valor de 120 milhões de rupias, está a ser executado.

**Linha de caminho de ferro:** Os caminhos-de-ferro do Paquistão efectuaram um estudo de viabilidade de uma linha ferroviária na bacia carbonífera de Thar para facilitar o transporte de equipamento carbonífero. O trajeto ferroviário foi aprovado pelo Ministro-Chefe de Sindh.

**Planeamento urbano de Islamkot:** O planeamento urbano de Islamkot", a cidade mais próxima da jazida

de carvão, foi igualmente patrocinado para a reabilitação/reinstalação das aldeias situadas nas imediações da jazida de carvão.
A população deslocada será realojada, proporcionando-lhe todas as facilidades necessárias no município mais próximo.
**Alojamento em Thar:** Foi aprovado o projeto de construção de um alojamento com 20 camas para facilitar a vida dos investidores estrangeiros e locais em Islamkot, com um custo estimado em 40,978 milhões de rupias. A construção está em curso.

# CAPÍTULO 4

## Deserto de Thar, Sindh

### 4. Carvão de Thar

A jazida de carvão de Thar está situada na parte sudeste de Sindh. A primeira indicação da presença de carvão sob as areias do deserto de Thar foi registada durante a perfuração de poços de água pela Agência Britânica de Desenvolvimento Ultramarino (ODA), em coordenação com a Autoridade de Desenvolvimento da Zona Árida de Sindh (SAZDA), em 1992. A jazida de carvão de Thar, com um potencial de recursos de 175,5 milhões de toneladas de carvão, cobre uma área de 9000 km2 no deserto de Tharparkar. A zona carbonífera está coberta por dunas de areia estáveis. A fim de estabelecer os recursos de carvão nos seis blocos selecionados (mapa apresentado), foi efectuado um total de 239 furos com um espaçamento de um quilómetro. Os recursos carboníferos dos seis blocos são estimados em 12 778 milhões de toneladas, como se pode ver na figura 1, e os depósitos do campo carbonífero de Thar são apresentados no quadro 1.

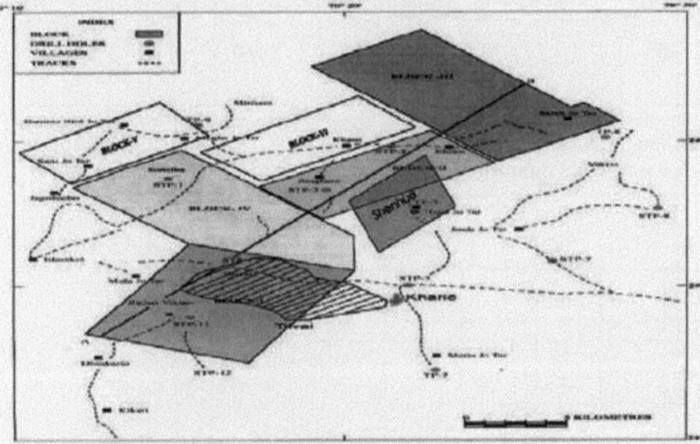

**Figura 1: Blocos I-VI da jazida de carvão de Thar**

| Blocos | Área (km2) | Furos | Costura Espessura (m) | Profundidade (m ) | Depósitos (mil milhões de tons) | | | |
|---|---|---|---|---|---|---|---|---|
| | | | | | Medido | Indicado | Inferido | Total |
| BLOCO-1 | 122.0 | 43 | 8-36 | 137-189 | 0.620 | 1.918 | 1.028 | 3.566 |
| BLOCO-II | 55.0 | 43 | 7.5-31 | 117-166 | 0.640 | 0.944 | - | 1,584 |
| BLOCO-III | 99.5 | 41 | 7.2-25 | 1 14-203 | 0.413 | 1,337 | 0.258 | 2.008 |

| | | | | | | | | |
|---|---|---|---|---|---|---|---|---|
| BLOCO-IV | 32 | 42 | 10.7-3345 | 117-166 | 0.684 | 1.71 1 | 0.076 | 2.47 1 |
| B\|ock-V | 63.5 | 35 | 16.74-30.9 | 117-166 | 0.637 | 0.757 | - | 1.39 4 |
| B\|ock-V\| | 66.1 | 35 | S-20.7 | 1 15 | 0.762 | 0.893 | - | 1.65 5 |
| TOTAL | 488.1 | **239** | | | 3.756 | 7.560 | **1.362** | 12.77 2 |

Fonte: Departamento de Desenvolvimento de Minas e Minerais, Governo de Sindh **Quadro 1: Depósitos por blocos dos campos de carvão de Thar.**

**Quadro 2: Média ponderada das análises químicas dos blocos individuais I-VI. Carvão do Thar**

| S.No | Area | As Received Values (%) | | | | | Heating Values (Btu/lb) | | | | Volatile Matter (%) |
|---|---|---|---|---|---|---|---|---|---|---|---|
| | | Moi-sture | Ash | Volatile Matter | Fixed Carbon | Sulp-hur | As Received | Dry | Dry Ash Free | Mineral Matter Moisture Free | Dry Ash Free |
| 1. | Block-I | 43.13 | 6.63 | 30.11 | 20.11 | 0.92 | 6,398 | 10,461 | 11,605 | 6,841 | 60.00 |
| 2. | Block-II | 48.89 | 5.21 | 26.55 | 19.37 | 1.06 | 5,780 | 11,353 | 12,613 | 6,106 | 57.72 |
| 3. | Block-III | 45.41 | 6.14 | 28.51 | 19.58 | 1.12 | 5,875 | 10,880 | 11,769 | 6,288 | 59.76 |
| 4. | Block-IV | 43.24 | 6.66 | 29.04 | 21.13 | 1.20 | 5,971 | 10,723 | 12,111 | 6,413 | 57.67 |
| 5. | Block-V | 36.82 | 8.92 | 38.24 | 28.22 | 1.20 | 4,748 | | | | |
| 6. | Block-VI | 36.32 | 7.62 | 36.22 | 20.13 | 1.52 | 10,514 | | | | |

Source: Mines & Minerals Development Department , Government of Sindh

Jazida de carvão de Thar

- The thickest coal bed called the "Thar Coal Seam" is persistent over most of the area in the six blocks.
- It is present between 115 and 203 meters depth.
- The seam attains a maximum thickness of 36 meters.
- The cumulative thickness in the blocks varies between 7.2 to 36 meters.
- The thickness of over burden varies from 114 to 137 meters.

**3.2 Dimensão do recurso:**

Os recursos de carvão de lenhite de Thar foram inicialmente estimados em cerca de 135 mil milhões de toneladas, tendo sido posteriormente aumentados para 175 mil milhões de toneladas após revisão dos dados pelo USGS (Serviço Geológico dos Estados Unidos) e pelo GSP (Serviço Geológico do Paquistão). Esta estimativa baseava-se em furos de sondagem distanciados numa área de 9000 km2, o que significava uma estimativa de fonte de cerca de 194 milhões de toneladas de lenhite por km2. Estas estimativas iniciais continuam a revelar-se corretas através de explorações mais intensas, com a escavação de 40-45 furos por cada 100 km2 e a comprovação dos recursos através da realização de testes de acordo com as normas internacionais. Os resultados destas explorações, efectuadas numa área de cerca de 1200 km2, forneceram até agora valores ainda mais elevados de reservas comprovadas de cerca de 200 a 350 milhões de toneladas de lenhite por km2 do que as estimativas anteriores, que eram de cerca de 194 milhões de toneladas de lenhite por km2. Por conseguinte, pode agora afirmar-se com certeza que estes recursos acabarão por ser muito maiores do que as estimativas anteriores.

De acordo com as taxas de conversão normais, os recursos de carvão de lenhite de Thar são equivalentes a cerca de 50 mil milhões de toneladas de petróleo, o que é mais do que os recursos petrolíferos combinados da Arábia Saudita e do Irão. Em termos de reservas de gás, estas são cerca de 68 vezes superiores aos actuais

recursos de gás natural no Paquistão.
A exploração de 13 blocos (cerca de 1200 km2 ou 13% da reserva total) dá-nos a seguinte imagem:

| Bloco | Veios de carvão acumulados Metros | | Reservas estimadas |
|---|---|---|---|
| | Mínimo | Máximo | milhões de toneladas |
| 1 | 8.08 | 36 | 3566.91 |
| II | 7.52 | 30.89 | 2000.00 |
| III A | 7.15 | 24.58 | 2008.04 |
| III B | 3.78 | 30.78 | 1453.00 |
| IV | 10.74 | 33.45 | 2471.51 |
| V | 7.55 | 24.60 | 1394.00 |
| VI | 4.25 | 27.00 | 1665.00 |
| VII | 6.82 | 24.44 | 2175.95 |
| VIII | 1.45 | 42.60 | 3035.86 |
| IX | 11.99 | 31.45 | 2862..25 |
| X | 10.55 | 34.91 | 2947.80 |
| XI E XII | Reservas previstas | | 5600 |
| Total Reservas comprovadas | Em 13% da área | Jazida de carvão de Thar | 31,169 mil milhões de toneladas |

### 3.3 Desenvolvimentos iniciais:

A localização deste recurso no deserto de Thar constituiu uma espécie de desafio para a sua exploração inicial. Em 1993, o governo começou a trabalhar no desenvolvimento de infra-estruturas e formou a Sindh Coal Authority para racionalizar os esforços e facilitar o investimento. do famoso Sr. Gordon Wu surgiu com o
proposta de desenvolvimento do projeto de extração de carvão de Thar. Mais tarde, após a mudança de governo e a perceção da abundância de eletricidade devido à introdução de cerca de 6000 MW de carga no sistema pelas IPP, o governo não sentiu a urgência de desenvolver este recurso nacional. Continuámos a pagar as nossas preciosas divisas com o petróleo importado necessário para alimentar a nossa produção de energia, cujo custo continuou a aumentar com a subida dos preços do petróleo.

### 3.4 Shenhua - uma oportunidade perdida:

Em 2002, o Presidente da China, a pedido do seu homólogo paquistanês, enviou uma equipa de 136 engenheiros de minas de carvão, geólogos, hidrogeólogos e especialistas em centrais eléctricas com a M/s Shenhua Group, uma das principais empresas chinesas de extração de carvão e de produção de energia, a fim de abrir os recursos carboníferos de Thar para utilização comercial. A empresa, com as suas décadas de experiência e conhecimentos de classe mundial, estabeleceu um campo no deserto e trabalhou na jazida de

carvão de Thar durante um período de dois anos. Em 2004, a empresa elaborou um relatório de viabilidade exaustivo que concluiu que os recursos de lenhite de Thar eram adequados para a extração comercial e propôs uma extração a céu aberto com uma produção de energia à boca da mina de 600 MW na primeira fase, a aumentar para 3000 MW com base nas reservas de lenhite do Bloco II, com uma área de 55 km2 (0,6% da área da jazida de carvão de Thar, com 9000 km2).
O Grupo Shenhua pediu uma tarifa de 5,6 cêntimos de dólar americano por KWH para a eletricidade gerada pelo seu projeto de energia proposto. Pediu apenas uma linha de transmissão do Governo Federal. Nessa altura, comprávamos eletricidade às IPP com base em petróleo importado a 6,5 cêntimos de dólar americano por KWH. No entanto, as autoridades da WAPDA, sem qualquer conhecimento ou experiência em centrais eléctricas a carvão, insistiram numa tarifa de 5,3 cêntimos por KWH. Apesar dos conselhos da nossa missão em Pequim e da insistência do Governo de Sindh, bem como do Ministério da Água e da Energia, as autoridades da WAPDA mantiveram o seu ponto de vista e as negociações fracassaram. Os chineses retiraram-se em 2005, o que representou um verdadeiro avanço para o sector energético paquistanês, que passou a explorar os seus recursos energéticos internos. Um relatório de viabilidade subsequente da empresa alemã RWE, financiado pelos governos federal e de Sindh, provou que o custo comercial real da produção de energia no primeiro projeto de produção de energia a partir do carvão de Thar, de acordo com as normas europeias, poderia atingir 7,6 cêntimos de dólar dos EUA por KWH. Assim, os chineses estavam a oferecer-nos um bom negócio, mas nós perdemos essa oportunidade de ouro. O custo que todos nós pagámos e ainda estamos a pagar é o aumento das tarifas para a energia à base de petróleo (agora até 22 cêntimos de dólar por KWH), a perda de milhares de milhões de dólares de divisas com as importações de petróleo, a dívida circular resultante, a crise energética e a perda de crescimento económico. A volatilidade dos preços do petróleo em 2007 fez com que a nossa economia estivesse quase na bancarrota, obrigando-nos a procurar financiamento em condições difíceis.

### 3.5 O renascimento em 2008:

A retirada da empresa chinesa em 2005 enviou um sinal negativo aos investidores e às empresas mineiras internacionais sobre a nossa seriedade na utilização dos nossos recursos naturais. Até 2008, nenhuma empresa local ou internacional de renome ofereceu qualquer projeto para a jazida de carvão de Thar.
Em maio de 2008, o Governo de Sindh, através do Departamento de Desenvolvimento de Minas e Minerais (o antecessor do Departamento de Carvão e Energia), ofereceu uma empresa comum, uma parceria público-privada, ao sector privado com uma participação de 60:40 (Privado: GOS) e controlo de gestão pelo parceiro privado. Um esforço sério de marketing permitiu reacender o interesse de alguns grandes grupos privados locais e estrangeiros. Foi constituída uma empresa comum com o nome de Sindh Engro Coal Mining Company, que começou a trabalhar nas obras deixadas inacabadas pelos chineses no Bloco II. Os governos federal e provincial criaram o Conselho do Carvão e da Energia de Thar, presidido pelo Ministro-Chefe de Sindh e vice-presidido pelo Ministro Federal da Água e da Energia, sendo membros do Conselho todos os ministros federais e provinciais competentes. Atualmente, o conselho oferece uma janela única aos investidores no sector mineiro e da produção de energia na bacia carbonífera de Thar.
A partir daí, o interesse dos investidores, tanto a nível local como internacional, continuou a crescer e, atualmente, temos os seguintes projectos em diferentes fases de desenvolvimento/avaliação:

| Área | Nome do Empresa | Extração de carvão | Potência Geração | Estado |
|---|---|---|---|---|
| Bloco 1 | Mineração global Em presa de China | 5,0 milhões de toneladas por ano - mineração a céu aberto | 900 MW inicialmente para ser aumentado para 3000 MW | Viabilidade bancária por março de 2012 . Exploração mineira até junho de 2012 |

| | | | | |
|---|---|---|---|---|
| Bloco II | Sindh Engro Coal Mining Company | 6,5 milhões de toneladas por ano - mineração a céu aberto | 1200 MW inicialmente a ser aumentada para 2400 MW | Viabilidade bancária concluída. Fecho financeiro previsto para junho de 2012. Exploração mineira no final de 2012 |
| Bloco IV | Proposta de um | Willprepare | 1500 MW a serem | Esperado para |
| | grande conglomerado chinês* em análise | viabilidade | aumentado para 3000 MW | começar a trabalhar no estudo em março de 2012 |
| **Bloco V** | Sob o carvão Gaseificação Projeto por GOP/GOS | Nomeação envolvidos | Projeto-piloto de 100 MW | Teste de combustão efectuado. |
| **Bloco VI** | Oracle Coalfield ofUnited Reino Unido | 5 milhões de toneladas por ano - minas a céu aberto | 300 MW boca da minae fornecimentos centrais eléctricas noutras partes da província | Viabilidade bancária concluída. O encerramento financeiro está previsto para 2012. A exploração mineira deverá começar no final de 2012. |
| **Bloco VIII** | Proposta de um consórcio europeu* em análise | Willprepare viabilidade | 300 MW a serem aumentados para 1000 MW | Esperado para começar a trabalhar no estudo em março de 2012 |

| Bloco IX | Proposta de um consórcio americano* em análise | Willprepare viabilidade | 1500 MW a serem aumentados para 3000 MW | Espera-se**para** começar a trabalhar no estudo em março de 2012 |
|---|---|---|---|---|

*Os nomes não são indicados, uma vez que as propostas ainda não foram finalizadas pelo Thar Coal & Energy Board*

## 3.6 Campo de carvão de Thar

A jazida de carvão de Thar situa-se entre as latitudes 24-'15' N e 25° 45' N e as longitudes 69° 45' E e 70 45 E, na parte sudeste da província de Sindh, na toposheet n.º 40-L/2 e 5 do Survey of Pakistan. O acesso à zona de Thar faz-se por estrada metálica através de Hyderabad, Mirpurkhas e Naukot. Fica a cerca de 380 km de Karachi por estrada.

O Serviço Geológico do Paquistão (GSP) descobriu enormes depósitos de carvão em 1992 em Thar durante o programa de investigação assistido pelo Serviço Geológico dos Estados Unidos (USGS). A jazida de carvão estende-se por uma área de mais de 9100 quilómetros quadrados, com dimensões de 140 km (norte-sul) e 65 km (leste-oeste), com reservas estimadas em 175,506 mil milhões de toneladas. O mapa de localização da jazida de carvão de Thar encontra-se na Figura 2.

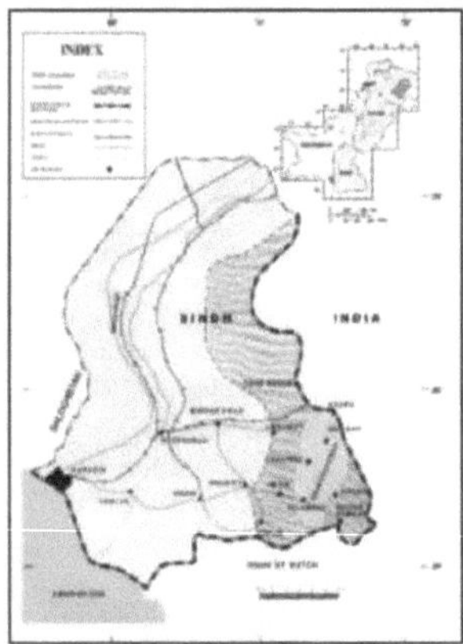


Figure 2: Location Map of Thar Coal Field, Sindh, Pakistan.

## 3.7 Geologia da jazida de carvão de Thar

Os estudos realizados até à data mostram que a bacia carbonífera de Thar assenta diretamente em rochas basais relativamente pouco profundas e clivadas, de idade pré-cambriana tardia. A área está completamente coberta por dunas de areia. Com base nos dados dos furos de sondagem, foram identificadas quatro unidades litoestratigráficas subterrâneas. As unidades são Areia de duna (recente). Depósitos Aluviais (Sub-Recente), Formação Bara (Paleocénico) e Complexo Basal (Pré-Câmbrico). A Areia das Dunas (50-90 metros de espessura) é constituída por areia, silte e argila.

Os depósitos aluviais (11-127 metros de espessura) são constituídos por arenitos, siltitos e argilitos. A Formação Bara (50-125 metros de espessura) é constituída por argilito, xisto, arenito e carvão, enquanto o Complexo Basement é constituído principalmente por rochas graníticas. Os dados de perfuração indicaram três aquíferos (zonas portadoras de água) a uma profundidade média de 50, 120 e mais de 200 metros. A qualidade da água é salobra a salina.

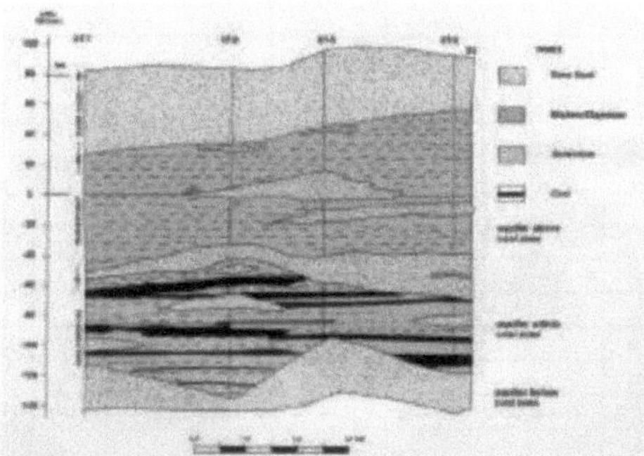

Figura 3: Secção transversal mostrando diferentes aquíferos em Saleh Jo Tar. Bloco IU. Campo de Carvão de Thar Sindh. Paquistão

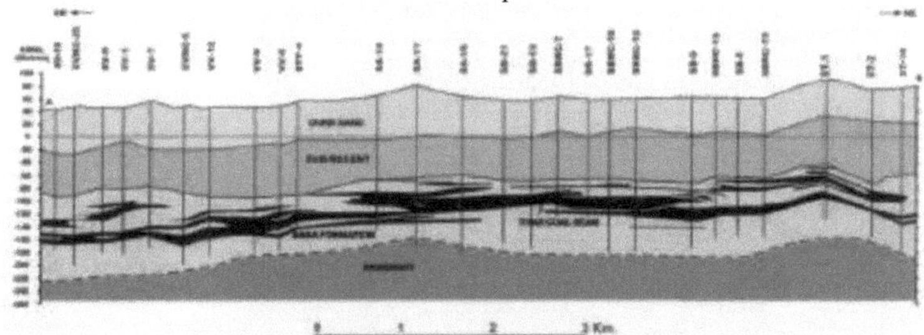

Figurado: Corso generalizado-Sec não através de blocos-L TV. II e m
Thar C oaffield. Sindh. Paquistão

A camada de carvão mais espessa, denominada "Thar Coal Seam", persiste na maior parte da área dos seis blocos. Está presente entre 114 e 203 metros de profundidade. O filão atinge uma espessura máxima de 22,81 metros e tem uma espessura de cerca de 20 metros na maior parte da área. A espessura acumulada do carvão nos blocos varia entre 7,15 e 36,00 metros. A espessura da camada de cobertura varia de 114 a mais de 200 metros.

### 3.8 Campo de carvão de Thar Águas subterrâneas

A água subterrânea em Thar é salgada. Existem três aquíferos a uma profundidade média de 50m, 120m e mais de 200m. O primeiro aquífero situa-se acima da zona carbonífera e a sua espessura é de até 5 metros. O segundo aquífero encontra-se dentro da zona carbonífera a 120 metros de profundidade e tem uma espessura variável até 69 metros. O terceiro aquífero situa-se abaixo da zona carbonífera a 200 metros de profundidade e tem uma espessura variável até 47 metros. A Tabela 3 mostra a análise química da água subterrânea.

| Parameters | | Base Aquifer | | | Top Aquifer | | | | | | |
|---|---|---|---|---|---|---|---|---|---|---|---|
| | | RB 51 well | RB 52 well | Khario well | Varvai 1 | Varvai 2 | Tilvai 1 | Tilvai 2 | Khario 3 | Khario 4 | Indus Water Nasikot |
| pH value | | 7.21 | 7.20 | 7.51 | 8.50 | 8.30 | 8.32 | 8.17 | 8.13 | 8.22 | 8.06 |
| Conductivity | µS/cm | 10,990 | 10,860 | 14,750 | 6,180 | 6,840 | 15,700 | 21200 | 11,990 | 7,682 | 490 |
| Total Dissolved | TDS | 7660 | 7500 | 10200 | 4220 | 4790 | 11114 | 14800 | 8390 | 4464 | 310 |
| solids | | | | | | | | | | | |
| Total hardness | $CaCO_3$ | 880 | 820 | 1640 | 1800 | 228 | 344 | 506 | 740 | 175 | 130 |
| Calcium | $Ca^{++}$ mg/L | 152 | 174 | 206 | 8.0 | 14.00 | 40 | 60 | 88 | 10 | 26 |
| Magnesium | $Mg^{++}$ mg/L | 138 | 112 | 350 | 32.0 | 68.00 | 75 | 104 | 151 | 40 | 16 |
| Sodium | $Na^{+}$ mg/L | 1420 | 1700 | 2183 | 1012 | 1440 | 2820 | 3520 | 1785 | 1184 | 36 |
| Potassium | $K^{+}$ mg/L | 24 | 27 | 80 | 40 | 40 | 40 | 70 | 40 | 55 | 6 |
| Iron soluble | $Fe^{++}$ mg/L | 0.5 | 0.06 | 0.16 | 0.1 | 0.05 | 0.04 | 0.04 | 0.02 | 0.07 | 0.14 |
| Manganese | $Mn^{++}$ mg/L | 0.35 | Traces | 0.25 | 0.38 | Traces | 0.45 | 1.28 | 0.12 | Traces | 0.02 |
| Chloride | $Cl^{-}$ mg/L | 2760 | 2480 | 3380 | 1590 | 2162 | 3380 | 4680 | 2620 | 2190 | 18 |
| Bicarbonates | $HCO_3^-$ mg/L | 240 | 250 | 348 | 456 | 480 | 580 | 768 | 216 | 444 | 120 |
| Nitrate | $NO_3^-$ mg/L | 44 | 54 | 178 | 52 | 52 | 20 | 55 | 155 | 58 | 4.00 |
| Sulphate | $SO_4^{--}$ mg/L | 210 | 180 | 450 | 180 | 278 | 488 | 608 | 430 | 240 | 40 |

Tabi# 3: **Análise da temperatura da** água **e do gelo** no depósito **de carvão TLar**

## 3.9 Rede rodoviária e ferroviária da jazida de carvão de Thar

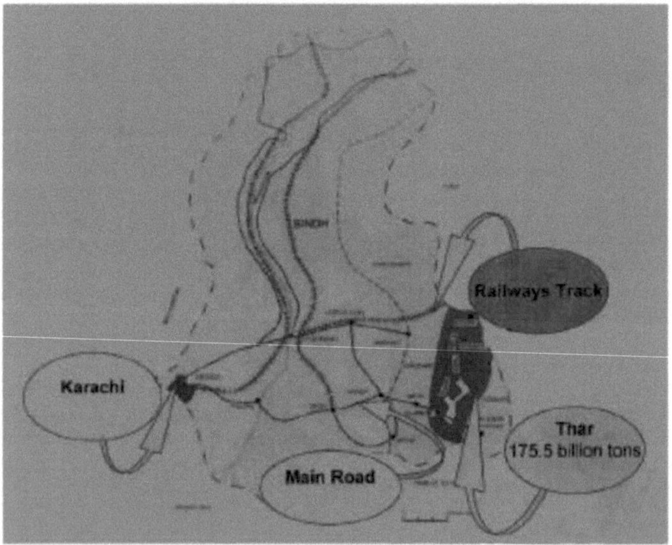


**Figura 5: Rede rodoviária que liga os campos de carvão de Thar.**

## 3.10 Thar Lignite Semelhança com outros países

A extração de carvão em Thar não constitui um grande desafio. A extração

O rácio de 6:1 é comparável a vários outros campos de carvão de lenhite no mundo. A sobrecarga de 150 m em Thar também não é invulgar. Em todo o mundo, está a ser extraído carvão com 200 m. A sobrecarga é constituída por material solto, como areia, argila e camadas de pedra arenosa com 0,2 m de espessura. A remoção deste tipo de sobrecarga pode ser efectuada por escavadoras e não é necessária maquinaria especializada. O clima rigoroso

no verão e a falta de solidez do solo constituem um desafio para o transporte e a capacidade da maquinaria para funcionar num ambiente poeirento de alta temperatura.

Rácio de despojamento. Variação da geração de energia de aquecimento para lenhite semelhante noutros países

' Índia: Senelli lignite TJ

Reno de aquecimento = £20* Etulb

Geração TetaL = 2740 MW

- Alemanha: Klunelan-d lignite 4,5:1

Raina de aquecimento = 4.514 tn HIM Etu.' Lb

TetaL género tien = 1(1,2119 MW

' Hungria Linhite 9:1 (mJzfj

Raina de aquecimento = J.0J5 Etu.' lb

TetaL gera tien = 1352 MW

Thar: lenhite6:1

6209 -11,000 EtuTb

Produção da Tefal = 9 MW

Carvão utilizado na produção de eletricidade e reservas de lenhite

| | % da eletricidade produzida a partir do carvão | Reservas de lenhite Mil milhões de toneladas |
|---|---|---|
| **África do Sul** | **94** | **30.15*** |
| **Polónia** | **93** | **1.37** |
| **China** | **81** | **18.6** |
| **Austrália** | **76** | **37.2** |
| **Israel** | **71** | **-** |
| **Cazaquistão** | **70** | **12.1** |
| **Índia** | **68** | **4.5** |
| **República Checa** | **62** | **0.98** |
| **Marrocos** | **57** | **-** |
| **Grécia** | **55** | **3.02** |
| **EUA** | **49** | **30.16** |

| Alemanha | 49 | 40.6 |
|---|---|---|
| Média mundial | 41 | 195.38 |
| Paquistão | 0.1 | 186.2** |

* Apenas reservas de sub-betuminosos e antracite
** Os recursos de carvão do Thar estão estimados em cerca de 17 mil milhões de toneladas. A reserva comprovada só em 13 blocos explorados é superior a 31 mil milhões de toneladas

### 3.11 Infra-estruturas na jazida de carvão de Thar.

**Eletricidade:** alimentador de 11 kV que emana da Estação de Rede de Islamkot para o Projeto de Carvão de Thar com transformador de 200 watts e energizado.

**Linha de transporte de 500 kV:** A WAPDA instalou uma linha de transporte de 500 kV até ao local de extração mineira.

**Telefone:** A instalação de cabos de fibra ótica entre as centrais de Mirpurkhas e Mithi foi concluída. Está prevista a instalação de uma torre-guia de 100 pés de altura (1" de diâmetro) no sítio carbonífero de Thar com equipamento DRS. A instalação telefónica está disponível até Islamkot.

**Abastecimento de água:** A linha de abastecimento de água de Mithi a Islamkot e de Islamkot às minas de carvão (Thario Halepoto) foi concluída e o reservatório de água de 6 galões está disponível no local da mina de carvão. No local (Bloco II), estarão disponíveis 03 galões de água por dia. Além disso, foram instaladas em Sobharo Shah e Islamkot (perto da jazida de carvão de Thar) duas instalações de osmose inversa para dessalinização da água, a fim de fornecer água potável aos investidores e à população local

**Construção de uma pista de aterragem:** - O projeto de construção de uma pista de aterragem em Islamkot, no valor de 120 milhões de rupias, está a ser executado.

**Linha de caminho de ferro:** Os caminhos-de-ferro do Paquistão efectuaram um estudo de viabilidade de uma linha ferroviária na bacia carbonífera de Thar para facilitar o transporte de equipamento carbonífero. O trajeto ferroviário foi aprovado pelo Ministro-Chefe de Sindh.

**Planeamento urbano de Islamkot:** O planeamento urbano de Islamkot", a cidade mais próxima da jazida de carvão, foi igualmente patrocinado para a reabilitação/reinstalação das aldeias situadas nas imediações da jazida de carvão.

A população deslocada será realojada, proporcionando-lhe todas as facilidades necessárias no município mais próximo.

**Alojamento em Thar:** Foi aprovado o projeto de construção de um alojamento com 20 camas para facilitar a vida dos investidores estrangeiros e locais em Islamkot, com um custo estimado de 40,978 milhões de rupias. A construção está em curso.

# CAPÍTULO 5

**5-Saldo material**

## 5.1- Balanço de materiais em torno do compressor de ar

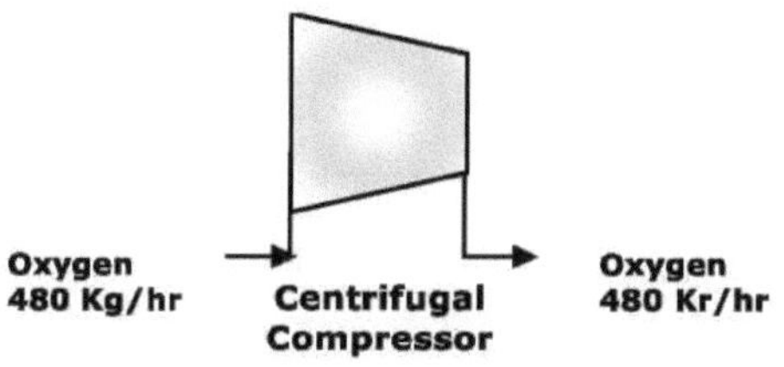


Figure 5.1

Quadro 5.1-1

| Fluxo | Massa em (Kg/hr) | Saída de massa (Kg/hr) |
|---|---|---|
| Cl | 480.625 | 0 |
| C2 | 0 | 480.625 |
| Total | 480.625 | 480.625 |

## 5.2- Balanço de materiais em torno do Reator UCG

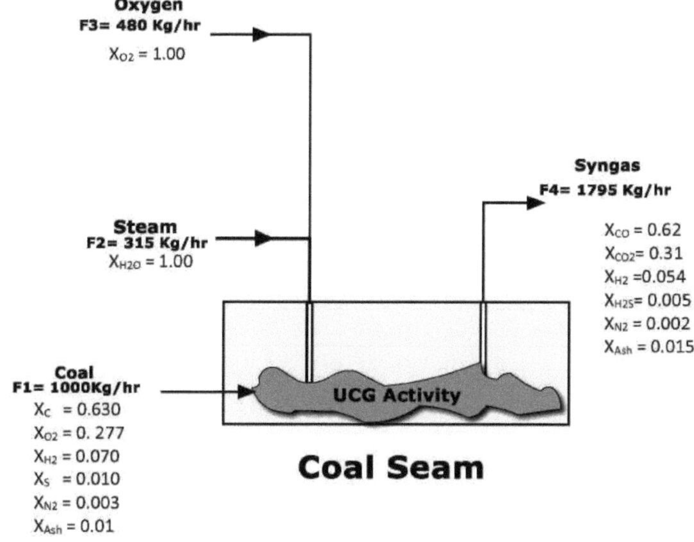


Figura 5.2

### 5.2.1 - Balanço de materiais em torno da camada de carvão

Entrada de fluxo de oxigénio = F3=?
O vapor reagiu com o carvão=F3=?
Saída do fluxo de gases do produto=F4=?

Mol. Peso molecular do carbono = Mc= 12Kg/kmole
Mol. Peso molecular do H2 = MH =2,016 Kg/kmole
Mol. Peso de №= Misi=28Kg/kmole
Mol. Peso molecular de S=MS =32Kg/kmole
Mol. Peso molecular do oxigénio =MO =32Kg/kmole

**5.2.2 - Gasification Reaction:**

**$3C + H_2O + O_2 \rightarrow 3CO + H_2$ ______________(B.1)**

**5.2.3 - Moles of Carbon in Feed = nC = F1 * Xc/Mc =52.5 Kmole**

52.5 mol of Carbon react with= 52.5*0.33 =17.5 kmol

**5.2.4 - Oxygen Stream Entering =F3 = 15 Kmole/hr = 480 Kg/hr**

3 moles of Carbon react with = 1 mole of Steam
1 mole Carbon react with =0.333333
52.5 mole of Carbon react with= 52.5*0.33=17.5
**Steam Stream =F2=17.5 kmol steam**

**5.2.5 - Carbon Balance:**

F1 * Xc/Mc = nco + nco2 ______________(B.2)
52.5 = nCO + $nCO_2$

**5.2.6 - Oxygen Balance:**

(F1 * Xo/Mo) +F3 + F2/2 = 0.5 * nCO + nCO2
32.7 =0.5 *nCO + nCO2 ______________(B.3)
0.5*nCO = 19.8
*nCO =39.6 kmol*
*nCO2 =12.9 kmol*

**5.2.7 - Sulfur balance:**

F1 * Xs /Ms = nH2S ______________(B.4)
*0.3125 = nH2S*

**5.2.8 - Hydrogen balance:**

F1*XH/MH + F2 + nH2S = nH2 ___________(B.5)
*52.8125 = nH2*

**5.2.9 - Nitrogen balance:**

*0.128571 = nN2*

**5.2-10 Composição do carvão**

Quadro 5.2-1

**Composição do carvão**

| Número de SR: | Componente | Fração de massa |
|---|---|---|
| 1 | C | 0.630 |
| r | $0_2$ | 0.277 |
| 3 | $H_2$ | 0.070 |
| 4 | s | 0.010 |
| 5 | $N_2$ | 0.003 |
| 6 | Cinzas | 0.01 |

**5.2-11 Composição do gás de síntese**

Quadro 5.2-2

**Composição do gás de síntese**

| Número de SR: | Componente | Fração de massa |
|---|---|---|
| 1 | CO | 0.620 |
| 2 | CO2 | 0.31 |
| 3 | H2 | 0.054 |
| 4 | H2S | 0.005 |
| 5 | N2 | 0.002 |
| 6 | Cinzas | 0.015 |

**5.2-12 Massa dos gases que saem do gaseificador**

Quadro 5.2-3

| N.º Sr: | 1 Gas 1 | 1Massa (Kg/hr) 1 |
|---|---|---|
| 1 | CO | 1108.8 |
| 2 | CO2 | 576.6 |
| 3 | H2 | 105.625 |
| 4 | H2S | 10 |
| 5 | N2 | 3_6 |
| Total | **F4** | **1795.625** |

**5.2-13 Balanço geral de materiais em torno do gaseificador**

Quadro 5.2-4

| Fluxo | Massa em (Kg/hr) | Saída de massa (Kg/hr) |
|---|---|---|
| F1 | 1000 | 0 |
| F2 | 315 | |
| F3 | 480.625 | 0 |
| F4 | 0 | |
| Total | 1795.625 | 1795.625 |

**5.3 Balanço de materiais em torno da caldeira de calor residual**

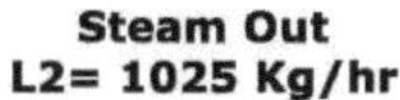


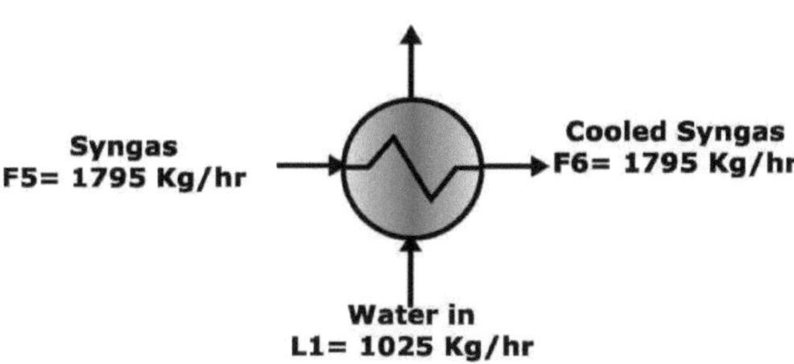


**Waste Heat Boiler**

Figura 5.3

1 Balanço de materiais em torno da caldeira de calor residual

Quadro 5.3-1

| Fluxo | Massa em Kg/hr | Massa saída Kg/hr |
|---|---|---|

| Gás de síntese | F5=1795 | F6=1795 |
|---|---|---|
| Água | L1=1025 | L2=1025 |
| Total | 2820 | 2820 |

**5.3- 1 Resultados do balanço dos materiais**

## 5.4 Balanço de materiais em torno do separador de ciclones

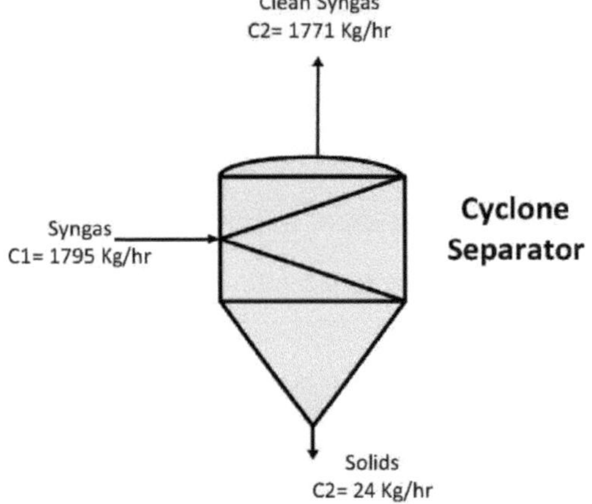


Figura 5.4

## 5. 5Equilíbrio dos materiais em torno do absorvedor

Gases que entram no ciclone =C1= 1795,625 Kg/hr
Partículas sólidas que entram no ciclone = S1 =30 Kg/hr
Eficiência do separador ciclónico na remoção de partículas de dimensão superior a 10 pm = o = 80%
Kg de sólidos, o ciclone remove =S2 =S1*o = 24 Kg/hr
Kg de sólidos permanecem no gás = S3 =S1-S2= 6 Kg/hr

Quadro 5.4-1

| Component e | Fluxo de entrada (Kg/hr) | Fluxo de saída (Kg/hr) | Fluxo de resíduos (Kg/hr) |
|---|---|---|---|
| Gás de síntese | 1795 | 1795 | 0 |
| Sólidos | 30 | 6 | 24 |
| **Total** | **1765 + 30** | **1771** | 24 |

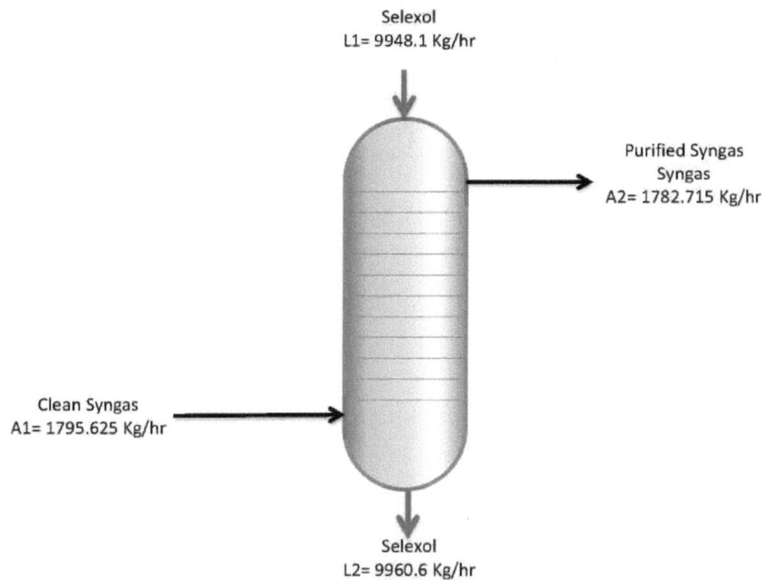

Figura 5.5

Caudal mássico de gás em, Al =1771,625 Kg/h
H2S no gás = 10,6 kg/h
H2S no gás (moles) = 0,3125 Kmol/h
Suponhamos que a percentagem de H2S removido do gás é de 98%
H2S removido =10,388 Kg/h
Caudal mássico do gás que sai A2=1761,715 Kg/h

**Para determinar o caudal de selexol, temos de aplicar o balanço energético em torno do absorvedor de H2S para o gás,**

Cp do gás =1,942KJ/Kg.C
Temperatura do gás em =563 K
Temperatura do gás expelido = 550 K
Utilizando a relação;

**Q = F(m)*Cp*°AT**

Q =11,330587 KW

**Para selexol:**

Cp do selexol=2,05 KJ/Kg.C
Temperatura do selexol em =298,15 K
Temperatura do selexol out = 300,15 K

Utilizando a relação;

**Q = F(m)*Cp*°ΔT**

Resolvendo a eq. acima para F (m)
Assim, o caudal mássico de selexol em, F(m) =2,7635578 Kg/s
Caudal mássico de selexol em, F(m) = 9948,8082 Kg/h
Agora, o caudal mássico de saída do selexol, Fo(m) = 9959,1962 Kg/h

### 5.5- 1 Resultados do balanço dos materiais em torno do absorvedor

Quadro 5.5-1

| Fluxo | Massa em (Kg/hr) | Saída de massa (Kg/hr) |
|---|---|---|
| | | |

| Gás de síntese | 1771.625 | 1761.715 |
|---|---|---|
| Selexol | 9948.1 | 9960.6 |
| $H S_2$ | 10.6 | 10.338 |

**5. 6-Balanço de materiais em torno do compressor de ar**

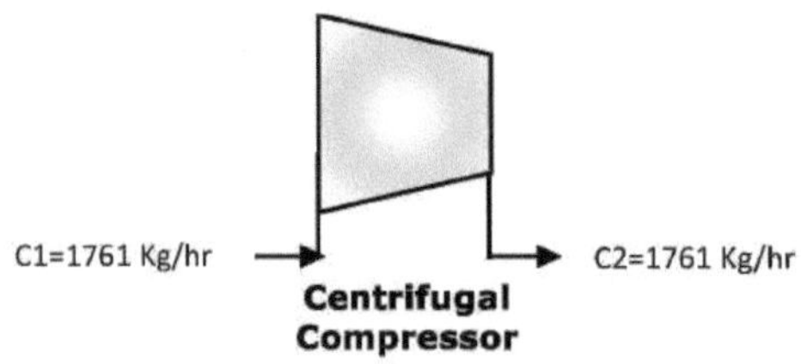


Figura 5.6

Quadro 5.6-2

| Fluxo | Massa em (Kg/hr) | Saída em massa (Kg/hr) |
|---|---|---|
| Cl | 1761 | 0 |
| C2 | 0 | 1761 |
| Total | 1761 | 1761 |

# CAPÍTULO 6

## 6- Balanço energético

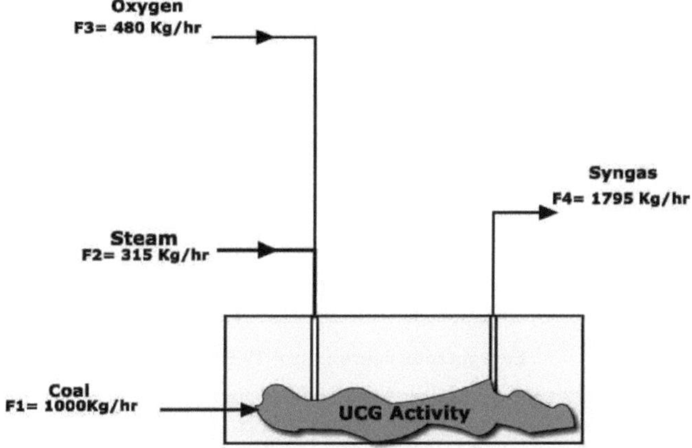


### 6.1 Balanço energético em torno do veio de carvão

**A energia do carvão:**

Temperatura do carvão, T =75 °C=348K
Temperatura ambiente =25 °C=298K
Cp do carvão =1,45KJ/Kg.K
Energia no carvão=m*Cp*t=20,13889 KWΔ

**Energia no ar:**

Quantidade de ar =480 Kg/hr
Temperatura do ar, = 650 °C
Temperatura ambiente = 25 °C
Cp do ar =0,713 KJ/Kg.K
Energia no ar = 55467,33*0,713*(650-298)/3600= 59,41667 KW

**Energia total no gaseificador = El = 79,55556 KW**

**Aquecimento gerado no gaseificador:**

1) $CO + 1/2O_2$ =====> $CO_2$ ΔH= -393.77Kj/Kmol of Carbon
2) $H_2 + O2$ =====> H2O ΔH =+742 kJ/Kmol of $H_2$
3) $C + H_2O$ =====> $CO + H_2$ ΔH =+131.38 Kj/Kmol of Carbon
4) $C + CO_2$ =====> 2CO ΔH =+172.58 KJ/Kmole of Carbon
5) $CO + H_2O$ =====> $CO_2 + H_2$ ΔH =+ 41.98 KJ/Kmol of Carbon

6) $H_2 + S$ =====> $H_2S$ ΔH =+52 KJ/Kmol of Carbon

**Cálculo do calor das reacções químicas**

**Da Ação n.º 1:**

Calor evoluído na reação 1 =R1 = 12,9 * (393,77)/36001 ,411009 KW

**Da Reação nº 2:**

Calor gerado pela reação n.º 2 R2 52,81 *(742)/3600=10 ,88524 KW

**Da Reação nº 3:**

Calor absorvido na reação n.º 3 =R3 = 52,81*(131,38)/3600=1 ,927363 KW

**Da Reação n.º 4:**

Calor absorvido na reação n.º 4=R4 = 12,8 * (172,58) /3600=0 ,618412 KW

**Da Reação nº 5:**

Calor absorvido na reação n.º 5 =R5= 39,6 * (41,98)/3600=0 ,46178 KW

**Da Reação nº 6:**

Calor absorvido na reação n.º 6 =R6= 52,81 *(52) /3600=0 ,762847 KW

**Calor nos gases de combustão:**

Cp dos gases de combustão =1,94KJ/KG.K Temperatura dos gases de combustão = 1200K Temperatura de referência = 25C=298K Massa dos gases de combustão = 1795,625 Kg/hr

**Energia nos gases de combustão E2 =873 KW**

| Fluxo | Caudal (Kg/hr) | $^{C}$P (KJ/Kg.C) | Temperatura (Kelvin) | Q=m.Cp.AT KW |
|---|---|---|---|---|
| **Energia em** | | | | |
| Carvão | 1000 | 1.45 | 298 | 20.13 |
| Oxigénio | 480 | 0.713 | 650 | 59.41 |
| **Energia total consumida = 79,55 KW** | | | | |
| | | | | |
| 1 Gás de síntese 1 | 1795 | 1.942 | 1200 | 873 |
| **Energia total produzida = 873 KW** | | | | |
| **Produção total de energia = 793,85 KW** | | | | |

**6. 2Balanço energético em torno da caldeira de calor residual**

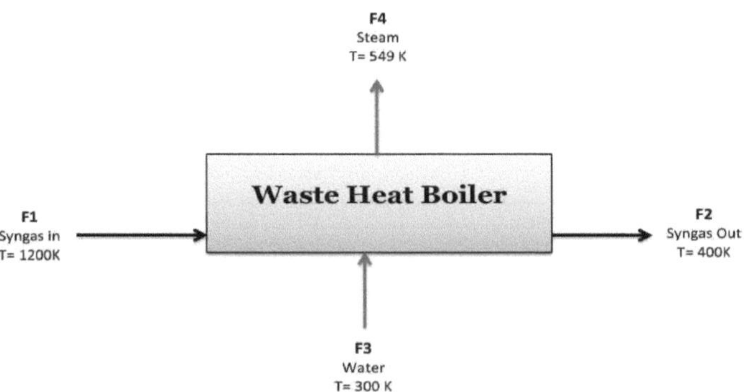


Caudal de alimentação, Fl, Syngas=1795,625kg/hr
Temperatura do gás de síntese, T1=1200 K
Saída de gás de síntese, F2=1795,625 kg/hr
Temp. de saída do gás de síntese, T2=400 K
Caudal de água de arrefecimento F3= 1025,327 Kg/hr
Temperatura da água de arrefecimento,T3= 300 K
Caudal de saída de vapor,F4=1025.327
Temp.de saída do vapor,T4=549 K
sp.calor do gás, cp=1,942 kg.C/kg °C

Calor Sp da água, cp =4,625 kj/kg °C

Calor latente 1569,15 =λ kj/kg °C

Energia entrada (gás) +Energia entrada (água) =Energia saída (gás) +Energia saída (água) m*Cpgás*(Tl-T2) =m*Cpágua*(T4-T3)

**Ou,**

Fl*Cpgas*(T5-T6) =F3*(Cpwater*(T4-T3)+λs)

1795,625*1.942*(1200-400) =F3*(4,625*(549-300) +1569,15)

Resolvendo para F3=1025.327 Kg/hr

Qgás = m*Cpgas*(Tl-T2)

Qgás = 1795.65*1.942*(1200-400)/3600=774.9 KW

Qágua =m* (Cpágua*(T4-T3)+λs)

Qágua =1025 ,327*(4,625*(549-300) +1569,15)/3600=774,9 KW

| Fluxo | Caudal (Kg/hr) | $^{C}$P (KJ/Kg.C) | Temperatura (Kelvin) | Q=m.Cp.AT KW |
|---|---|---|---|---|
| | | | | |
| Gás de síntese | 1795 | 1.942 | 1200 | 774.9 |
| Vapor | 1025 | $^{4}$.n | 300 | 774.9 |
| | | **Energia total consumida = 1549,8 KW** | | |
| **Energia** | | | | |
| Gás de síntese | 1795 | 1.942 | 400 | 774.9 |
| Vapor | 1025 | 4.12 | 549 | 774.9 |
| | **Total** | **Energia produzida = 1549,8 KW** | | |

**6. 3Balanço energético em torno do absorvedor**

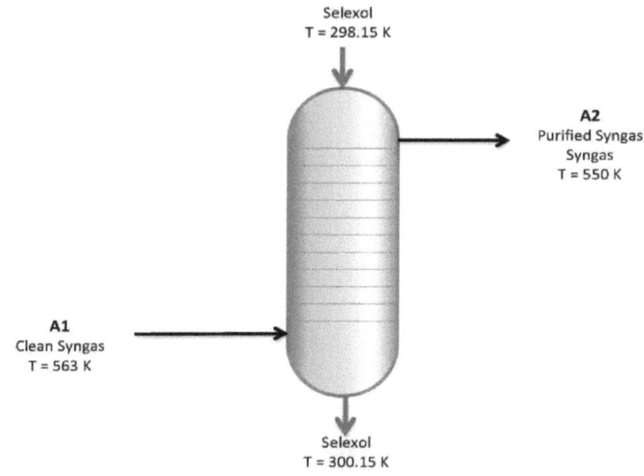


Figura 5.5

Caudal mássico de gás em, Al =1771 Kg/hr

H2S no gás =10,6 Kg/h

Suponhamos que a percentagem de H2S removido do gás é de 98

H2S removido =10,388 Kg/h

Caudal mássico do gás que sai de A2=1760 Kg/hr

Para determinar o caudal de selexol, é necessário efetuar um balanço energético em torno do absorvedor de H2S.

**Para o gás,**

Cp do gás = 1,942 KJ/Kg.C

Temperatura do gás em =563 K

Temperatura do gás expelido =550 K

Utilizando a relação;

**$Q = F(m)*Cp*\Delta T$**

Q=11,330587KW

**Para selexol,**

Cp do selexol 2,05 KJ/Kg.C

Temperatura do selexol em =298,15 K

Temperatura do selexol out =300,15 K

Utilizando a relação;

**$Q = F(m)*Cp*AT$**

Resolvendo a eq. acima para F(m)

50, Caudal mássico de selexol em, F(m) =2,7635578 Kg/s

Caudal mássico de selexol em, F(m) =9948,8082 Kg/h

Agora, o caudal mássico de saída do selexol, Fo(m) =9959,1962 Kg/h

| Fluxo | Caudal (Kg/hr) | Cp (KJ/Kg.C) | Temperatura (Kelvin) | Q=m.Cp.ΔT KW |
|---|---|---|---|---|
| | | | | |
| Gás de síntese | 1771.625 | 1.942 | 563 | 12.5869 |
| Selexol | 9948.1 | 2.05 | 298.1 | 11.3297 |
| **Energia total consumida = 23,9166 KW** | | | | |
| | | | | |
| Gás de síntese | 1760.715 | 1.942 | 550 | 12.5017 |
| Selexol | 9960.6 | 2.05 | 300.15 | 11.344 |
| **Energia total produzida = 23,8457 KW** | | | | |
| Perdas de energia = 0,079 KW | | | | |

# CAPÍTULO 7

## 7- Conceção de equipamentos

### 7.1 Conceção do compressor oxidante

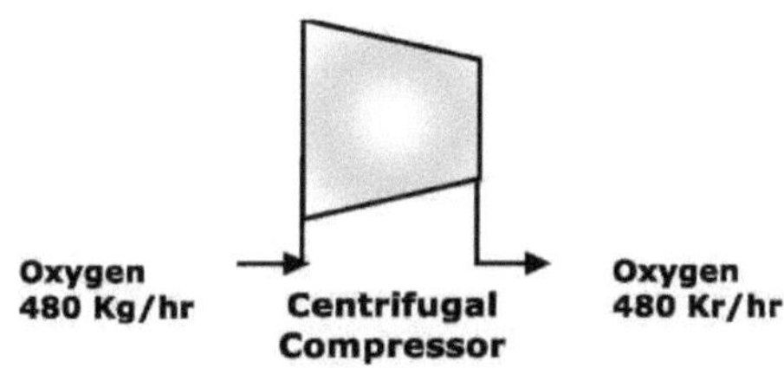


Figura 7-1

**Caudais e propriedades físicas:**
Caudais, temperaturas e pressões
Caudal de gás in=Fl=480 Kg/hr
Temperatura (in)=Ts=313,15 K
T emperatura( out )=T d=?
Pressão(in)=P1=1 atm
Pressão(out)=P2=3 atm
Peso molecular~M~ 15 Kg/Kmol
Caudal de gás in=F1=480 Kg/hr (caudal mássico)
Caudal volumétrico=q=F 1 /$\rho$ gás=0,4219 m 3/hr^A
**Taxa de compressão:**
Para determinar o número de fases, utilize a eq.
Pd Ps P2 PI
Pd Ps 3
Como o rácio "Pd/Ps" é 3, utilizaremos um compressor de 2 fases. n=2 n° de fases
PdPs (P2 Pl)'l n
Pd/Ps=1,5
**Necessidade de energia:**
Para calcular as necessidades de potência, utilizar a seguinte relação
PB=[0.371*Ta**q/(-1)*ђ]*[{Pd/Ps}^(-1)/-1/Cv/Cp=
$\gamma$ =1.4
para gases diatómicos
ђ=efficiency=(60 - 80)=0.7 moderate
PB=40 KW

| 7.1-Folha de dados de projeto do compressor | | |
|---|---|---|
| Folha de dados de projeto do compressor | Equipamento n: | 1 |
| | Folha n°: | 1 |
| Dados operacionais | Valor numérico | Unidades |
| Caudal volumétrico (pol.) | 0.4219 | m /hr$^3$ |

| Caudal volumétrico (saída) | 0.4219 | m /hr$^3$ |
|---|---|---|
| Energia necessária | 40.000 | KW |
| Temperatura na aspiração | 40 | $^0$C |
| Temperatura na descarga | 351 | $^0$C |
| Pressão na aspiração | 101.3 | KPa |
| Pressão na descarga | 303 | KPa |
| Eficiência adiabática | 75 | - - |
| Exp. Isentrópica | 1.381 | - - |

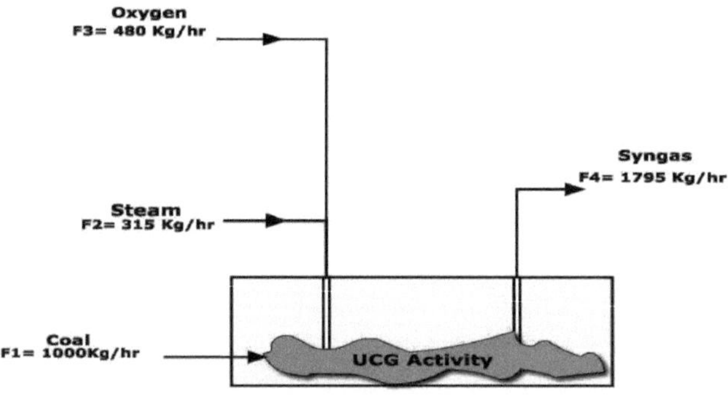


**Coal Seam**

## 7.2 Conceção de poços de injeção

**7.2.1- Conceção do poço de injeção** Diâmetro exterior do revestimento = 5 pol. Tamanho do revestimento para cordas intermédias, de superfície e condutoras =? Tamanho da broca para cordas intermédias, de superfície e condutoras =? Para o furo de injeção, selecionar o tamanho da broca =6,75 polegadas Para o revestimento de 5 polegadas, o diâmetro exterior do acoplamento, da tabela =5,563 polegadas A folga do revestimento será = Tamanho da broca - Diâmetro exterior do acoplamento =6,75 polegadas

**Comprimento do invólucro:**

Como as nossas reservas de carvão de Thar estão a uma profundidade de 150 metros, precisamos de um revestimento com o mesmo comprimento. Comprimento do revestimento=150 metros

**7.2.2- Propriedades do revestimento:**

Seleccionamos o aço de grau N-80 para o revestimento, que tem as seguintes propriedades

**Grau Resistência ao escoamento Resistência à tração** N-80 Min Max 100000 80000 110000

**7.2.3-Pressão de colapso do invólucro:**

A pressão de colapso da resistência ao escoamento é dada por **Pyp = 2* Yp * [{(D/t) - 1} / (D/T)^ 2]**

Pyp - Pressão de colapso do rendimento

Yp Resistência ao escoamento 80000

Da tabela para o aço N-80
D/T - Rácio de colapso do limite de elasticidade-13,38
**Pyp = 11064,4 Psi**

7.2.3- **a-Pressão de colapso plástico**
Yp = limite de elasticidade SOOOO
D/t IS
A 3.O7
B O.O667
C=1955
**Pp =6353.44Psi**

7.2.4- **b-Transição Pressão de colapso**
**Pt = Yp * [ F/(D/t) - G]**
Pt - Pressão de colapso de transição
F-1.998
G-O.O434
D/t-28
**Pt =2236.57Psi**

7.2.5- **c-Pressão de colapso elástico**
**Pe = (46,95 * 10^A 6) / (D/t) (D/t - 1) 2^A**
Pe = Pressão de colapso elástico
D/t =32
**Pe=1526.73 Psi**

| 7.2- Folha de dados de projeto do gaseificador subterrâneo | | |
|---|---|---|
| Folha de dados de projeto do gaseificador | Equipamento n: | 2 |
| | Folha n°: | 1 |
| Dados operacionais | Valor numérico | Unidades |
| Caudal mássico de carvão (in) | 1000 | Kg/hr |
| Caudal mássico de oxigénio (in) | 480 | Kg/hr |
| Caudal mássico de vapor (in) | 315 | Kg/hr |
| Caudal mássico do produto gasoso (saída) | 1795.625 | Kg/hr |
| Densidade do produto gasoso | 0.1825 | $Kg/m^3$ |
| Caudal volúmico do produto gasoso | 2.7490 | $m /hr^3$ |
| Comprimento do invólucro | 150 | m |

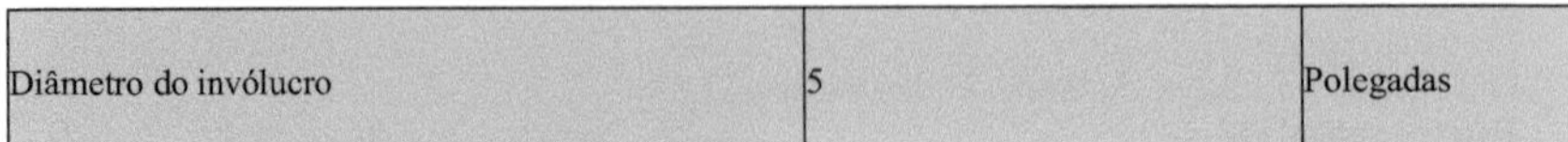

| Diâmetro do invólucro | 5 | Polegadas |
|---|---|---|

### 7.3 Conceção de caldeiras de calor residual

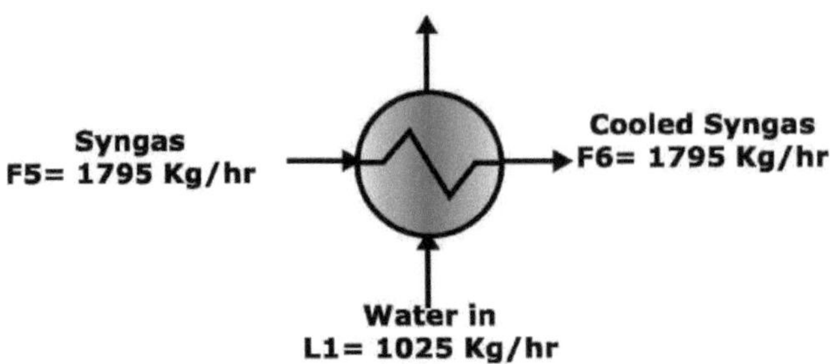


**Waste Heat Boiler**

### 7.4 -Projeto do permutador de calor:

Caudal de alimentação (in) =F1 =1795,625 Kg/hr
Caudal de alimentação (saída) =F2=1795,625 Kg/hr
Caudal mássico da água de arrefecimento (in)=f3=? Kg/hr
Caudal mássico da água de arrefecimento (saída)=f4=? Kg/hr Temperatura do gás (entrada)= T1=1200k =926.85 °C Temperatura do gás (saída)= T2=400k=126.85 °C Temperatura da água de arrefecimento (entrada)=T3=300 K=26.85 °C Temperatura da água de arrefecimento (saída)=T4=600 K=275.85°C Calor específico da água=cp =4.6525=KJ/Kg.C=4652.5 J/Kg °C Calor específico do gás=cp =1.942 KJ/Kg.C=1942 J/Kg. °C

**CARGA TÉRMICA NO PERMUTADOR DE CALOR:**

Q=m*cp*ΔT

**Para o gás Colocar todo o valor na fórmula**

Q=m*cp*ΔT =774,9119 KW=7749U,9W

**Para a água que coloca todo o valor na fórmula**

Q=m*cp*ΔT
m = 0,668908 Kg/Segundo

**DIFERENÇA DE TEMPERATURA MÉDIA REGISTADA (ΔTlm):**

LMTD = ΔTlm=((T1-T4)-(T2-T3))/((ln((T1-T4)/(T2-T3)))
ΔTlm=294.1272 C

**COEFICIENTE GLOBAL DE TRANSFERÊNCIA DE CALOR:**

Suponhamos que,
Coeficiente global de transferência de calor (U) =70 W/m2 C

**ÁREA DE TRANSFERÊNCIA DE CALOR:**

Q=U*A*Δ Tim
A=37,63m2

**TIPO DE PERMUTADOR E DIMENSÕES:**

Permutador de calor de casco e tubo
Dimensão padrão do permutador
Diâmetro interior dos tubos (i.d)=di=25mm=0,025m
Diâmetro exterior dos tubos (d.o.)=do=30 mm=0,03m comprimento dos tubos =1=4,88m

**ÁREA DE UM** TUBO=Ao

Ao=π ***D o*L=O**.459696 m2 CUPRO-NÍQUEL
PITCH DO TUBO =Pt=1,25*Do=0,0375

**NÚMERO DE TUBOS:**

Número de tubos =Nt

Nt=área de transferência het/área de um tubo=81,87446

Nt=82

**DIÂMETRO DO FEIXE:**

Db=Do*(Nt/Kt)^A (l/nl)

Utilizando o passo triangular e duas passagens:

Kl=0.249

Nl=2,207

Db=0,080628 m

**Diâmetro da concha:**

Diâmetro do invólucro=Ds

Ds=Db+distância

Utilizando o tipo de cabeça flutuante de anel dividido:

Folga=0,056 m

Ds =0,136628

**COEFICIENTE DE TRANSFERÊNCIA DE CALOR DO LADO DO TUBO:**

O coeficiente de transferência de calor do lado do tubo pode ser calculado da seguinte forma

Temperatura média do gás=Tm

Tm=526,85 C

Área da secção transversal do tubo =Ai

Ai=( *Di$\pi$^A 2)/4

Ai=0,000491 m2

Tubos por passagem=Tpp

Tpp=Nt/2

Tpp=41

Área total de escoamento =A

At=Tpp*Ai

A =0,020116 m2

Velocidade da massa de gás =Gs

Gs=caudal mássico de gás/At

Cs=24,79588 kg/m2 seg

Velocidade linear da água =Ut

Densidade do gás a 526,85 C=0,185 Kg/m3

Ut==134.0318

Hi=(Jh*Re*Pr^A 0,33*Kfs($\mu$/$\mu$ w)^A 0,14)/Di

Re sUtDi/$\rho$ $\mu$ s=G*Di/ u

Viscosidade do gás =$\mu$ gas^O.000036 Ns/m2

Densidade do gás=$\rho$ =0,1825 Kg/m3

Condutividade térmica do gás=Kfs=0,0125 W/m C

Re=17219.36

Pr CP* s/Kfs$\mu$

Pr =5,59296

L/Di=195,2

Utilizando o gráfico, podemos encontrar o valor do fator de transferência de calor (12,33) =Jh

Jh=0,035

Hi=531,835 w/M2c

**Coeficiente de transferência de calor do lado do casco:**

De= Diâmetro equivalente

De= (1.10/Do)*(Pt^A 2-.0917Do^A 2)

De=0,021302 m

As=Área para fluxo cruzado

As=((Pt-Do)*Ds*Lb)/Pt

Lb=Espaçamento da chicana =DS*0,3=0,040988 m

As=0,00112 m2

Gw=Fluxo de massa de água/As

Gw =597,2257 Kg/m2 seg

pw=Densidade da água a 151,35C=900 Kg/m3

μw=Viscosidade da água a 151,35 C=0,0008 Ns/m2

Kfw= Condutividade térmica da água=0,59 W/m C

Re= wUsDe/ w=Gw*De/ρμ μ w=15902.25

Pr=CP*μ w/Kfw=6,308475

**Corte Baffele20-25 % Ótimo**

**Utilizando o gráfico, encontrar o valor do fator de transferência de calor Jh**

Jh=0,015

Hs=Coeficiente de transferência de calor do lado do invólucro

Hs=(Jh*Re*Pr^A 0,33*Kfw*((μ/μ w)^A 0,14)/De=12132,96 W/m2 C

**COEFICIENTES DE INCRUSTAÇÃO:**

Coeficiente de incrustação lateral do tubo =Hid

Hid=3000 W/m2 C

Fator de incrustação do lado do casco =Hod

Hod =5000 W/m2C

**COEFICIENTE GLOBAL DE TRANSFERÊNCIA DE CALOR:**

Kwm=55W/m2 C

1/Uo=1/Hs+1/Hi+((Do*Ln(Do/Di))/2Kwm)+(Do/Di)*(1/Hid)+(Do/Di)*(1/Hi) 1/Uo =0,6046

Uo=65,3986

**QUEDA DE PRESSÃO *NO LADO DO TUBO***

A partir do gráfico, o valor do fator de atrito =Jf Jft=0,08

Np= Número de passagens laterais do tubo =2 Δ Pt=Np*(8*Jf(L/Di)*(μ/μ w)^A -m+2.5)*(pUt^A 2)/2

ΔPt=417776N/m2

***LADO DA CONCHA:***

A Ps=8*Jf(Ds/De)*(L/Lb)*(pWUs^A 2)/2

Jfs=0,75

APs=907912.8N/m2

| 7.3- Folha de dados de projeto da caldeira de calor residual | | |
|---|---|---|
| Folha de dados de projeto do permutador de calor | Equipamento n: | 2 |
| | Folha nº: | 1 |
| Dados operacionais | Valor numérico | Unidades |
| Carga térmica | 774.9119 | kW |
| Diferença de temperatura média registada | 294.12 | ?2 "C |
| Coeficiente global de transferência de calor (pressuposto) | 70 | W/ $m^2$ "C |
| Área de transferência de calor | 3?.63?36 | $m^2$ |
| Especificações do lado do tubo | | |
| Caudal da água de arrefecimento (in) | 1025.32? | Kg/hr |
| Caudal da água de arrefecimento (saída) | 1025.32? | Kg/hr |

| Temperatura da água de arrefecimento (in) | 26.85 | "C |
|---|---|---|
| Temperatura da água de arrefecimento(out) | 2?5.85 | "C |
| Condutividade térmica da água | 0.016 | W/m "C |
| Densidade da água | 30.9425 | Kg/ $m^3$ |
| Viscosidade da água | 0.0000185 | $Ns/m^2$ |
| Capacidade térmica da água | 4. 625 | KJ/kg. "C |
| Número de passagens de tubos | 2 | |
| Número de tubos | 82 | |
| Diâmetro exterior do tubo | 0.03 | m |
| Diâmetro interior do tubo | 0.025 | m |
| Comprimento de cada tubo | 4.88 | m |
| Espessura da parede do tubo | 0.005 | m |
| Disposição dos tubos | Triangular | |
| Material de construção | Aço carbono | |
| Condutividade térmica do material | 55 | W/ m $C^{2\,0}$ |
| Fator de incrustação do lado do tubo | 3000 | W/ $m^2$ OC |

| Coeficiente de transferência de calor do lado do tubo | 531.835 | W/ $m^2$ OC |
|---|---|---|
| Queda de pressão do lado do tubo | 41.??? | N/$m^2$ |
| Especificações do lado do casco | | |
| Caudal de gás (in) | 1?95.625 | Kg/hr |
| baixa taxa de gás(out) | 1795.625 | Kg/hr |
| Temperatura do gás (em) | 1200 | $^0$C |
| Temperatura do gás (out) | 400 | $^0$C |
| Condutividade térmica do gás | 0.01253 | Ns/ $m^2$ |
| Densidade do gás | 0.517346 | Kg/ $m^3$ |
| Viscosidade do gás | 0.0000362 | Ns/$m^2$ |
| Capacidade térmica do gás | 1.942 | KJ/kg. oc |
| Número de passagens da concha | 1 | |
| Diâmetro do casco | 0.136628 | M |
| Espaçamento do deflector | 0.3 | M |
| Material de construção | Aço carbono | |
| Fator de incrustação do lado do casco | 5000 | W/ $m^2$ oc |
| Coeficiente de transferência de calor do lado do casco | 12132.96 | W/ $m^2$ oc |
| Queda de pressão do lado do casco | 907912.8 | N/$m^2$ |
| Coeficiente global de transferência de calor | 65.5 | W/ $m^2$ oc |

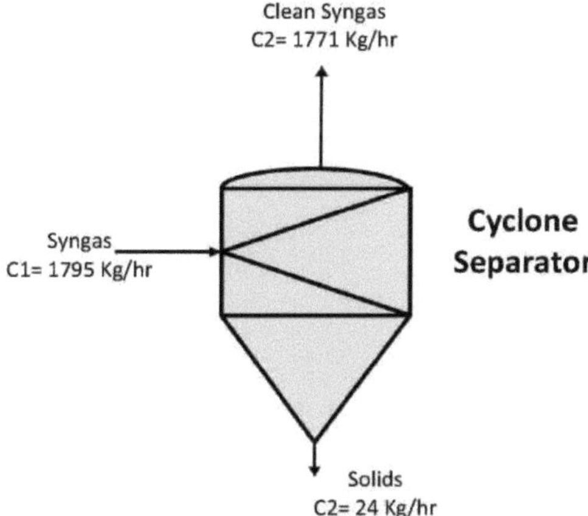


## 7.5 Projeto de separador de ciclone

**D.4-Conceção do separador de ciclones:**

Caudal mássico de gás (In) =1795,625 Kg/h
Caudal mássico de gás (saída) =1771,625 Kg/h
Sólido removido =24 kg/h
Número de moles de gás =105,7538 Kmol/h
Peso molecular do gás, M =16,9793 Kg/Kmol
Pressão, P =1atm
Constante dos gases, R =0,08205 atm,m^ 3/Kmol, K
Temperatura, T =400 K
Densidade do gás, $\rho$ g =0,517346 Kg/m 3^
Caudal volumétrico do gás, Q =3470,84 mA3/h
Q =0,964122 mA3/s

**Velocidade de entrada de projeto:**

Temos de remover as partículas com um diâmetro superior a 3*10^ -6 (3 -4$\mu$ m)
O intervalo razoável permitido para a velocidade de projeto da entrada é de 9-27 m/s
Escolher a velocidade de entrada óptima de projeto como =15 m/s
Escolher o rendimento do ciclone como =80 %

**Área da conduta de entrada:**

A área da conduta de entrada a 15 m/s é =Ai
Ai =(caudal volumétrico)/(velocidade de entrada óptima de projeto)
Ai =0,064275 m 2^

**Diâmetro do ciclone:**

Relação de utilização:
Ai =(0,5*Dc)*(0,2*Dc)
Diâmetro do ciclone:
Dc =0,801716 m

**Diâmetro da saída de gás:**

Relação de utilização;
Diâmetro da saída de gás, De =0,5*Dc
Então,
Diâmetro da saída de gás, De =0,400858 m

**Diâmetro da descarga de cinzas:**

Relação de utilização;
Diâmetro da descarga de cinzas, Dd =0,375*Dc
Então,

Diâmetro da descarga de cinzas, Dd =0,300643 m

**Comprimento do corpo:**

Relação de utilização;
S= 0,5*Dc
S=0,400858 m
Relação de utilização;
Comprimento do corpo, Lb=1,5*Dc portanto, Comprimento do corpo, Lb=1,202574 m

**Comprimento do cone:**

Relação de utilização;
Comprimento do corpo, Lc =2,5*Dc
Comprimento do corpo, Lc =2,004289 m

**Número de voltas efectivas:**

Número de voltas efectivas no interior=N
Utilizar a relação;.
N=(l/H)*(Lb+Lc/2)
Onde
H=0,5*Dc=0,400858 m E
W=0,2*Dc=0,160343 m
N=5.5

**Tempo de residência do gás:**

Tempo de residência do gás=_T
Relação de utilização:
_t=comprimento do percurso/velocidade
3,14*Dc*N/Vi em que
Vi=Q/W*H=15 m/s
Portanto, _t=0,923042 seg

**Velocidade de deriva das partículas:**

Desvio de partículas na direção radial-Vt
Relação de utilização;
Vt=W/_t=0,173712 m/s
Queda de pressão no separador de ciclones;
Queda de pressão no separador de ciclones^Δ P
Relação de utilização;
ΔP=(ρ f/203)*[ul 2{l+2^ϕ ^ 2(2rt/re-l)}+2u2^ 2]
ρf- densidade do gás-0,517346 kg/m 3^ϕ f= Fator da figura- ?
rt-raio da circunferência à qual a linha de centro da entrada é tangente re-Raio do tubo de saída pe-relação rt/re-Raio-?
ul-entrada Velocidade da conduta-?
u2-Velocidade da conduta de saída-?
A-Área da conduta de entrada
Ai- 0,064275 m 2^
As-ciclone Área de superfície
As-3,14*Dc*(Lb+Lc)- 8,072916 mA2
fc-Fator de atrito
fc- 0,005
Para gases e
ϕ-fc*As/Ai-0,628
Relação de raio - rt/re
rt/re-[Dc-(W/2)]/H
W/2-0.080172
rt/re-1.8
Utilizar a figura;
ϕ-0.915
velocidade da conduta de entrada ul
ul-Q/Ai-15
u2-Q/Ae
Ae-Área do tubo de saída

Ae-3.14*H^ 2/4-0.126139m 2^
Então,
u2-7,643312 m/s
Colocar todos os valores na fórmula,
Δp=3,367575 mm bar

## 7.4- Folha de dados de projeto do separador de ciclones

| Folha de dados de projeto do separador de ciclones | Equipamento n: | 2 |
|---|---|---|
| | Folha nº: | 1 |
| **Dados operacionais** | **Valor numérico** | **Unidades** |
| Caudal de gás (in) | 1795.625 | Kg/hr |
| Caudal de gás (saída) | 1771.625 | Kg/hr |
| Sólido Removido | 24 | Kg/hr |
| Densidade do gás | 0.517346 | $Kg/m^3$ |
| Vol. Caudal de gás | 3470.84 | $m /hr^3$ |
| Velocidade de projeto da entrada | 15 | m/s |
| Área da conduta de entrada | 0.064275 | $m^2$ |
| Área do tubo de saída | 0.126139 | $m^2$ |
| Diâmetro do ciclone | 0.801716 | m |
| Diâmetro da saída de gás | 0.400858 | m |
| Diâmetro da descarga de cinzas | 0.300643 | M |
| Comprimento do corpo | 1.202574 | M |
| Comprimento do cone | 2.004289 | M |
| N.º de voltas efectivas | 5.5 | |
| Tempo de residência do gás | 0.923042 | Sec |
| Velocidade de deriva da partícula | 0.173712 | m/s |

| Velocidade da conduta de entrada | 15 | m/s |
|---|---|---|
| Velocidade da conduta de saída | 7.643312 | m/s |
| Queda de pressão | 3.367575 | mm barra |
| Material de construção | Aço inoxidável | |
| | | |

## 7.6 - Conceção do absorvedor

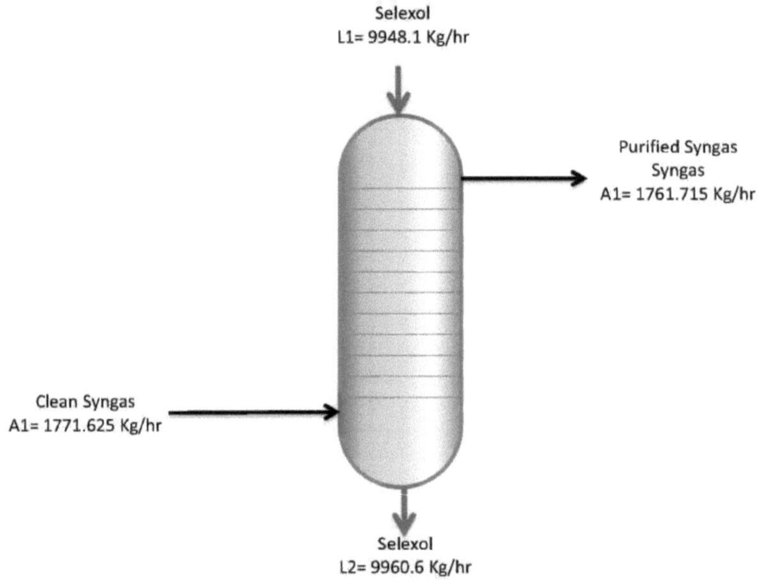


Figura 7.5

**D.6-H2S Absorvente:**
Caudais e propriedades físicas".
Caudal de gás (in)= 1771,625 Kg/hr
Caudal de líquido (in)= 9948,4154 Kg/hr
Caudal de gás (saída)= 1761,715 Kg/hr
Caudal de líquido (saída)= 9960 Kg/h Temperatura do gás (entrada)= 563 K Temperatura do gás (saída)= 550 K Temperatura do líquido (entrada)- 298,15 K Temperatura do líquido (saída)- 300,15 K Densidade do gás-$\rho$ gas= v$\rho$

$\rho$v PM RT 0,517346 KG/m 3^

Viscosidade do gás~ g=$\mu$ $\mu$ v= 3,62*10^ -5 Ns/m^ 2 Capacidade calorífica do gás=Cpgas=Cv= 1,942 Kj/Kg c

Densidade do líquido=$\rho$ líquido-$\rho$ 1= 1031,8 Kg/m 3^
Viscosidade do líquido-$\mu$ líquido-$\mu$ 1=0,0058 Ns/m 2^
Capacidade térmica do líquido=cp1= 2,05 Kj/Kg c
Peso molecular do líquido= 206 Kg/K mol

**Especificação da embalagem:**

Tipo de embalagem= Sela Intalox (cerâmica)

Tamanho da embalagem=dp= 38 mm=0,038 m

Fator de embalagem=Fp= 170 m -1^A

Área de superfície da embalagem=a=194 mA2/mA3

Fator de porosidade da embalagem=G= 0,76

**Coluna Área necessária:**

Coluna Área necessária=Ax

Ax=V/Vw

Primeiro, descobrimos Vw

Como,

FLv=(L/V)*( ρ v / ρ L)^ 0,5=0,125949105

Utilizar o gráfico FLv vs K4 .

K4= 1.35

E nas inundações;

K4=3.25

Projeto para a queda de pressão de 42 mm H2O/ m de embalagem

Percentagem de inundação=[{K4 a 42 mm H2O / m embalagem / K4 na linha de inundação}A0,5]*100 = 64,45033866

Para descobrir a utilização do Vw;

Vw=[{K4* ρ v*( ρ l- ρ v)}/{13.1*Fp*( μ l/ ρ l)^0.1}]^0.5= 1.040865363 Kg/ m^2 sec

Área da coluna necessária=Ax=V/Vw= 0,341062363 m 2^A

**Diâmetro da coluna:**

Diâmetro da coluna=d

d=(4*Ax/3.14)A0.5 =0.6591m

Rácio entre a dimensão do enchimento e o diâmetro da coluna=Ax/ dimensão do enchimento= 8,975325

**Altura de uma unidade global de transferência de fase gasosa;**

Altura de uma unidade global de transferência de fase gasosa=HoG

**HoG=HG+[m(Gm/Lm)]*HL**

**Hc=Gm/KG*aw*P**

**HL=Lm/KL*aw*ct Determinar primeiro a área efectiva=aw**

aw/a=1-exp[{-1.45}*{( б c/ б l)^0.75}*{(Lw/a* μ L)^0.1}*{(Lw^2*a/ ρ L^2*g)^-0.05}*{(Lw^2/ ρ L* б L*a)^0.2}]

Б c=0,061 N/M (cerâmica)

б L=0,0247 N/M (cerâmica)

**Lw=L/Ax=** 5,854594987 Kg/mA2 seg

**aw/a = 1 aw= 194**

Coeficiente de transferência de massa líquida KL

KL*{( ρ L/ μ L*g)^0.33}={0.0051}*{(Lw/aw* μ L)^2/3}*{( μ L/ ρ L*DL)^-0.5}*{(a*dp)^0.4}

colocar valores

KL* 54,0200877 = 0,000728126

KL= 1,34788E-05 m/s

Coeficiente de transferência de película de gás (KG):

(KG/a)*(R*T/Dv)={K5}*{(Vw/a* μ v)^0.7}*{( μ v/ ρ v*Dv)^0.33}*{(a*dp)^-2}

Vw=V/Ax 1.040865363

KG/194 0.000295013

KG* 1,52069E-06 = 2,12216E-09

KG = 0,00042 K mol/m^A 2 seg atm

Coeficiente de transferência de película de gás=HG

HG=Gm/KG*a*P

Gm=Vw/mol.wt = 0,061324772 k mol/mA2 seg

HG= 0,75 m

HL=Lm/KL*aw*Ct

LM=Lw/Mol.wt = 0,028420364 K mol/mA2 seg

Ct=ρ L/Mol.wt 5.008737864

HL= 0,87 m

Como,
HoG=HG+[m(Gm/Lm)] *HL
m(Gm/Lm)=0,7 a 0,8=0,75
HoG= 1,4025 m

**Altura da embalagem**

Altura da embalagem=Z
Z=HoG*NoG
Y 1= 1,24 (Kmol/hr)H2S
Y 2= 0,0186 (Kmol/hr)H2S
Y 1/Y2= 66.66666667
utilizando o gráfico entre y1/y2 e NoG a m(Gm/Lm)
NoG= 13
ZoG= 18,23 m

## 7.5- Folha de dados de projeto do absorvedor

| Folha de dados do projeto do absorvedor | Equipamento n: | 2 |
|---|---|---|
| | Folha nº: | 1 |
| **Dados operacionais** | **Valor numérico** | **Unidades** |
| Caudal de gás (in) | 1771.625 | Kg/hr |
| Caudal de gás (saída) | 1761.715 | Kg/hr |
| Caudal de líquido (in) | 9948.1 | Kg/hr |
| Caudal de líquido (saída) | 9960.6 | Kg/hr |
| Temp, de gás (in) | 563 | k |
| Temp., do gás (fora) | 550 | k |
| Temp, de líquido (in) | 298.15 | k |
| Temperatura, do líquido (fora) | 300.1 | k |
| Densidade do gás | 0.517346 | Kg/ $m^3$ |
| Viscosidade do gás | 3,62*10 -5^A | Ns/ $m^2$ |
| Capacidade térmica do gás | 1.942 | KJ/kg. $^0C$ |
| Peso molecular do gás | 16.9793 | Kg/k mol |

| Densidade do líquido | 1031.8 | Kg/ $m^3$ |
|---|---|---|
| Viscosidade do líquido | 0.0058 | Ns/ $m^2$ |
| Capacidade térmica do líquido | 2.05 | KJ/kg. oc |
| Peso molecular do líquido | 206 | Kg/k mol |
| Tipo de embalagem | Sela Intalox Cerâmica | |
| Tamanho da embalagem | 0.038 | m |
| Fator de embalagem | 170 | $m^{-1}$ |
| Área de superfície da embalagem | 194 | $m^2$ / $m^3$ |
| Fator de porosidade da embalagem | 0.76 | |
| Área de coluna necessária | 0.341062363 | $m^2$ |
| Diâmetro da coluna | 0.659146681 | m |
| Coeficiente de transferência de massa da película líquida | 1.34788E-05 | m/s |
| Coeficiente de transferência de massa da película de gás | 0.00042 | K mol/ $m^2$ .sec.atm |
| Altura da unidade de transferência de fase gasosa | 1.4025 | m |
| N.º da unidade global de transferência de gás | 13 | |
| Altura da embalagem | 18.2325 | m |
| Altura da coluna de absorção | 21.879 | m |

### 7.6 Conceção do compressor oxidante

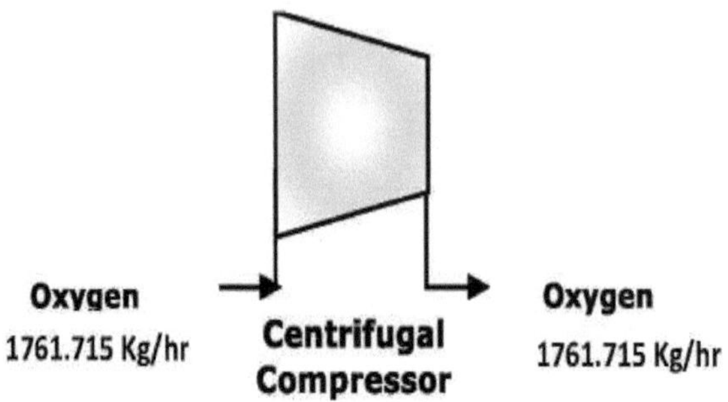


Figura 7-6

**D.7- Conceção do compressor:**

**Caudais e propriedades físicas:**

Caudais, temperaturas e pressões

Caudal de gás em=F 1=1761,715 Kg/hr

Temperatura (in)=Ts=550 K

T emperatura(out)=T d=?

Peso molecular=M=16,9793 Kg/Kmol

Densidade do gás=$\rho$ gas=PM/RT=0,376252 Kg/M 3^A

Caudal de gás in=Fl=1270,318 Kg/hr (caudal mássico)

Caudal volumétrico=q=F1/$\rho$ gás=4266,606 m^A 3/hr q=l .185168 mD3/s(em condições normais)

**Taxa de compressão:**

Para determinar o número de fases, utilize a eq.

Pd/Ps=P2/P1

Pd/Ps=4

Como o rácio "Pd/Ps" é 4, utilizaremos um compressor de 3 fases.

n=3 nº de fases

Pd/Ps=(P2/P1) 1/n^A

Pd/Ps=1,333333

**Necessidade de energia:**

Para calcular as necessidades de potência, utilizar a seguinte relação

PB=[0.371*Ta**q/(-1)*h]*[{Pd/Ps}^(-1)/-1/Cv/Cp=

$\gamma$ =1.4

para gases diatómicos

h=eficiência=(60 - 80)=0,7 moderada

PB=587,6488 KW

para três fases=1762,946 KW

**Carga de calor no arrefecedor**

Q=m*Cp*_t=116,0448 KW

para três fases=Qtotal=348,1343 KW

Necessidade de água para o arrefecedor

Como,

Q=m*Cp*(Tw2-Twl)

Twl=Temperatura da água na entrada=298.15 K Tw2=Temperatura da água na saída=313.15 K m=1.841981 Kg/s

6631.13 Kg/hr

mtotal 3*3703.189 mtotah19893.39 Kg/hr 5.525942 Kg/s

| 7.6- Folha de dados de projeto do compressor |
|---|

| Folha de dados de projeto do compressor | Equipamento n: | 1 |
|---|---|---|
| | Folha nº: | 1 |
| **Dados operacionais** | **Valor numérico** | **Unidades** |
| Caudal volumétrico (pol.) | 1.566 | $m/hr^3$ |
| Caudal volumétrico (saída) | 1.566 | $m/hr^3$ |
| Energia necessária | 231.6024 | KW |
| Temperatura na aspiração | 550 | K |
| Temperatura na descarga | 684 | K |
| Pressão na aspiração | 1800 | Kpa |
| Pressão na descarga | 3560 | Kpa |
| Eficiência adiabática | 75 | - - |
| Exp. Isentrópica | 1.381 | - - |

# CAPÍTULO 8

## Instrumentação e controlo de processos

### 8.1- Objetivo do sistema de instrumentação e controlo de processos:

1. Supressão das perturbações externas
2. Operar o processo de forma estável
3. Otimizar o funcionamento do processo

**Componentes do sistema de controlo**

**Processo**

Qualquer operação ou série de operações que produza um resultado final desejado é um processo.

**Medição**

A medição é um requisito funcional para o controlo do processo, quer esse controlo seja efectuado de forma automática, semi-automática ou manual. Se a medição não for efectuada corretamente, o resto do sistema não pode funcionar satisfatoriamente. " .....

**Variáveis de processo**

O funcionamento regular de um processo depende do controlo das variáveis do processo.

Estas são definidas como condições nos materiais ou aparelhos do processo, que estão sujeitas a alterações. A temperatura, a pressão, o fluxo e o nível do líquido são as principais variáveis, seguidas de uma dúzia de variáveis menos frequentes, como a composição química, a viscosidade, a densidade, a humidade, o teor de humidade, etc.

Um controlo automático é utilizado para medir, corrigir e modificar as alterações dos principais tipos de variações do processo encontrados.

4. Medição da temperatura
5. pt
6. Medição da pressão
7. Medição do caudal
8. Medição do nível

### 8.2- Medição da temperatura

Foram desenvolvidos muitos métodos para medir a temperatura. A maior parte deles baseia-se na medição de alguma propriedade física de um material de trabalho que varia com a temperatura

Os dispositivos importantes para medir a temperatura incluem:

- Termopar
- Termistores
- Detetor de temperatura por resistência
- Pirómetro
- Infravermelhos
- Termómetro

### 8.3- Medição de pressão:

Foram desenvolvidas muitas técnicas para a medição da pressão e do vácuo. Os instrumentos utilizados para medir a pressão são designados por **manómetros** ou **vacuómetros**.

- Manómetro
- Calibre Bourdaon
- Diafragma
- Fole de expansão
- Medidor Pirani

### 8.4- Medição de caudal:

**A medição do caudal** é a quantificação do movimento de um fluido a granel. Pode ser medido de várias formas.

- Medidor de caudal de turbina
- Medidor Venturi
- Medidor de caudal de orifício
- Medidor de caudal Vortex
- Medidor de caudal magnético
- Medidor de caudal Coriolis

## 8.5- Esquema de controlo do gaseificador subterrâneo:

**Objetivo:**

O objetivo é manter o caudal de oxigénio a um nível especificado para evitar a combustão completa.

**Variável manipulada:**

No gaseificador subterrâneo, o principal objetivo é manter o caudal de oxigénio que entra no gaseificador a um nível especificado.

**Discussão:**

A reação de gaseificação depende exclusivamente do fornecimento limitado de oxigénio que entra no gaseificador. Para evitar a combustão completa do carvão, o controlo do caudal de oxigénio é muito importante. Por isso, é necessário um sistema de controlo que possa manter o caudal de oxigénio a um nível especificado e proporcionar um controlo adequado. Isto pode ser conseguido através de:

- Utilização do caudalímetro de massa Corilis
- Utilização do controlo em cascata

## 8.6-Instrumentação do gaseificador

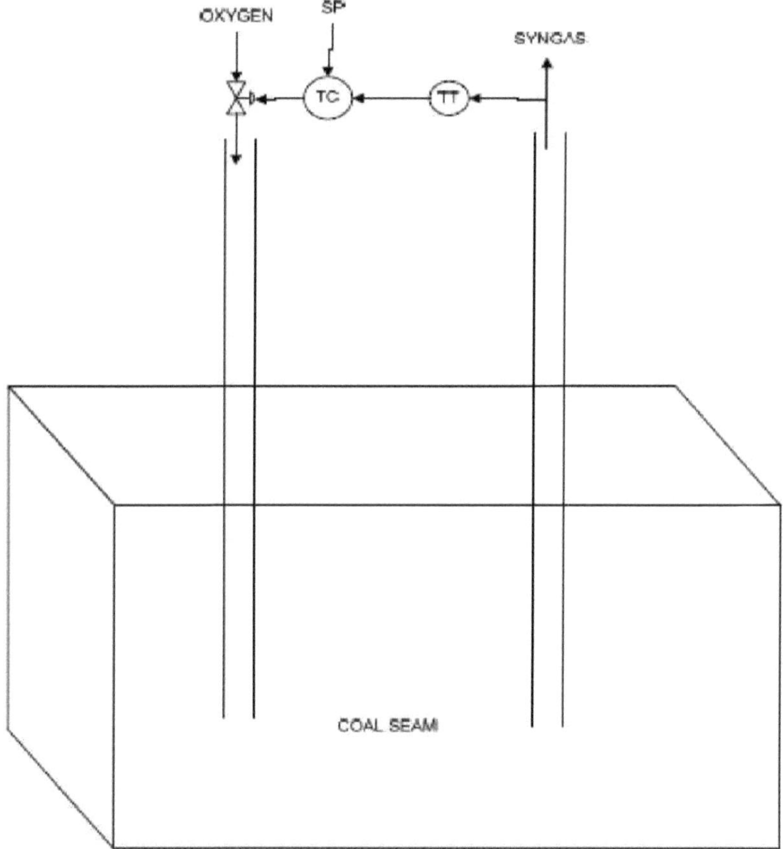


O rácio de oxigénio é controlado pela temperatura de saída do gás de síntese

**8.7-Instrumentação da caldeira de calor residual:**

Nos permutadores de calor, 90% do gás quente passa do permutador e 10% do gás quente passa pelo permutador. A variável a ser controlada aqui é a pressão de saída do vapor.

Controlo da pressão em P

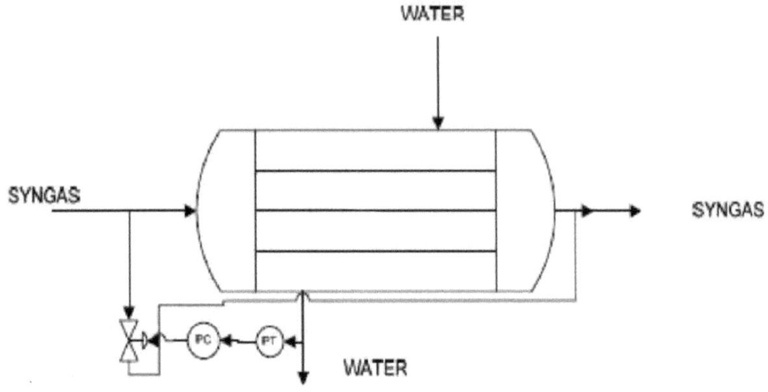


**8.8-Instrumentação no absorvedor**

**Controlo de sobreposição**

Em caso de inundação, o caudal de água será ajustado pelo LSS ou, em caso de alteração da composição, o LSS funcionará e alterará o caudal de água de acordo com a situação.

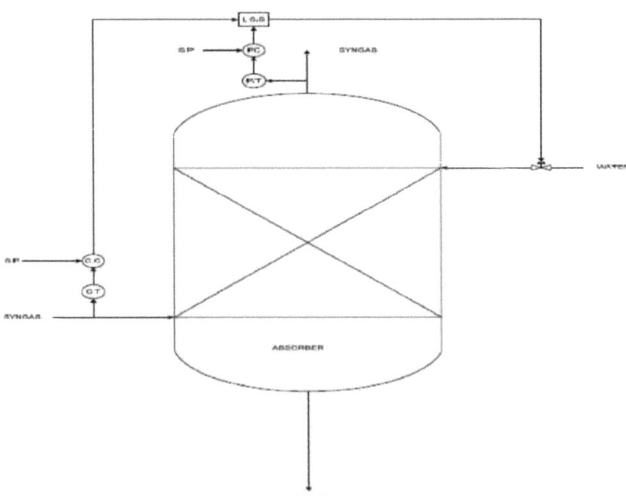

**8.9-Instrumentação no compressor**

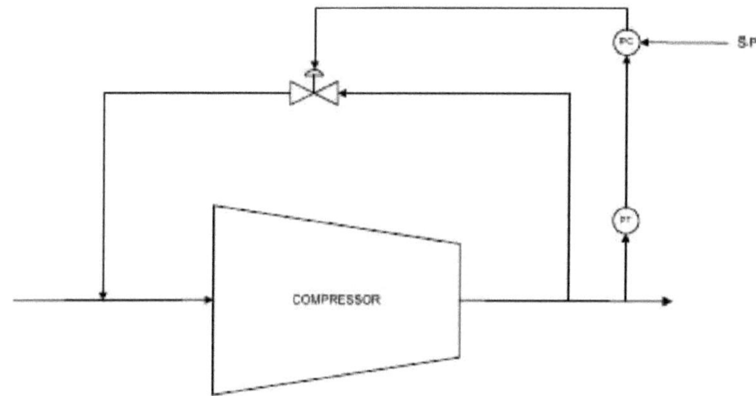


Controlo proporcional

# CAPÍTULO 9

## ESTIMATIVA DE CUSTOS

### 9.1- Introdução:

A engenharia de custos é uma área da prática da engenharia que se ocupa da "aplicação de princípios e técnicas científicas a problemas de estimativa de custos, controlo de custos, planeamento empresarial e ciência da gestão, análise de rentabilidade, gestão de projectos e planeamento e programação".

A engenharia de custos é a parte mais importante da engenharia de construção, da gestão de engenharia e dos projectos de capital de construção relacionados. A economia da engenharia é uma área de competências e conhecimentos fundamentais da engenharia de custos.

### 9.2- INVESTIMENTO DE CAPITAL:

Antes da entrada em funcionamento de uma unidade industrial, é necessário disponibilizar uma grande soma de dinheiro para adquirir e instalar a maquinaria e o equipamento necessários. O terreno e as instalações de serviço devem ser obtidos e a fábrica deve ser construída com todas as tubagens, controlos e serviços. Além disso, é necessário ter dinheiro disponível para o pagamento das despesas envolvidas na operação da fábrica. O capital total necessário para a instalação e funcionamento de uma fábrica é designado por investimento de capital total.

**Investimento total de capital = capital fixo + capital de exploração**

### 9.3- INVESTIMENTO EM CAPITAL FIXO

O capital fixo é o custo total da fábrica pronta a entrar em funcionamento. É o custo pago aos empreiteiros.

Inclui o custo de:

1) Conceção e outras actividades de engenharia e supervisão da construção.
2) Todos os equipamentos e sua instalação.
3) Todos os sistemas de tubagem, instrumentação e controlo.
4) Edifícios e estruturas.
5) Instalações auxiliares, tais como serviços públicos, terrenos e obras de engenharia civil.

Trata-se de um custo único que não é recuperado no final da vida do projeto, para além do valor da sucata.

### 9.4- CAPITAL DE EXPLORAÇÃO

O fundo de maneio é o investimento adicional necessário, para além do capital fixo, para pôr a fábrica em funcionamento e operá-la até ao momento em que o rendimento é obtido.

Inclui o custo de:

1) Arranque.
2) Cargas iniciais do catalisador.
3) Matérias-primas e produtos intermédios no processo.
4) Existências de produtos acabados.
5) Fundos para cobrir as contas pendentes dos clientes.

A maior parte do capital de exploração é recuperada no final do projeto. O investimento total necessário para um projeto é a soma do capital fixo e do capital de exploração.

### 9.5- CUSTOS DE FUNCIONAMENTO

É necessária uma estimativa dos custos de exploração, o custo de produção do produto, para avaliar a viabilidade de um projeto e para fazer escolhas entre possíveis esquemas alternativos de transformação. Estes custos podem ser estimados a partir do fluxograma, que fornece as necessidades de matérias-primas e serviços, e da estimativa do custo de capital.

O custo de produção de um produto químico inclui os elementos a seguir indicados. Estes estão divididos em dois grupos.

#### 9.5.1- CUSTOS FIXOS

1) Manutenção (mão de obra e materiais)
2) Mão de obra operacional
3) Custos laboratoriais
4) Supervisão
5) Despesas gerais das instalações
6) Encargos de capital
7) Tarifas (e quaisquer outros impostos locais)
8) Seguros
9) Taxas de licença e pagamentos de royalties

### 9.5.2- CUSTOS VARIÁVEIS

Os custos operacionais variáveis são os custos que dependem de

- A quantidade de produto produzido
- Matérias-primas
- Materiais operacionais diversos
- Utilidades (Serviços)
- Expedição e embalagem

Os custos acima enumerados são os custos diretos de produção do produto nas instalações da fábrica. Para além destes custos, a unidade terá de suportar a sua parte das despesas gerais de funcionamento da empresa. Estas incluem:

- Despesas gerais
- Custos de investigação e desenvolvimento
- Despesas de vendas
- Reservas

### 9.5.3- CUSTOS DIRECTOS

As rubricas de custos diretos incorridos na construção de uma fábrica, para além do custo do equipamento, são

- Montagem de equipamentos, incluindo fundações e pequenas obras estruturais
- Tubagens, incluindo isolamento e pintura
- Eletricidade, energia e iluminação
- Instrumentos, local e sala de controlo
- Edifícios e estruturas de processo
- Edifícios anexos, escritórios, laboratórios, oficinas
- Armazéns, matérias-primas e produtos acabados
- Utilidades (Serviços), fornecimento de instalações para vapor, água, ar, serviços de combate a incêndios.
- Sítio e preparação do sítio.

### 9.5.4- CUSTOS INDIRECTOS

- Custos de conceção e engenharia, que cobrem o custo da conceção e o custo da "engenharia" da instalação: compras, aprovisionamento e supervisão da construção. Normalmente, 20 a 30 por cento dos custos diretos de capital.
- Honorários do empreiteiro: se for contratado um empreiteiro, os seus honorários (lucro) serão adicionados ao custo total do capital e variarão entre 5 e 10 por cento dos custos diretos.
- Subsídio para imprevistos, que é um subsídio incluído na estimativa do custo do capital para cobrir circunstâncias *imprevistas* (conflitos laborais, erros de conceção, condições meteorológicas adversas). Normalmente, 5 a

  **9.5.5-** por cento dos custos diretos.

  -Despesas de arranque**.**

## 9.6- ESTIMATIVAS DE CUSTOS DE CAPITAL

Uma estimativa do investimento de capital para um processo pode variar, desde uma estimativa de pré-conceção baseada em pouca informação, exceto a dimensão do projeto proposto, até uma estimativa detalhada preparada a partir de desenhos e especificações completos.

Entre estes dois extremos de estimativas de investimento de capital podem existir numerosas outras estimativas que variam em precisão, dependendo da fase de desenvolvimento do projeto. Estas estimativas são designadas por vários nomes, mas as cinco categorias seguintes representam a gama de precisão e a designação normalmente utilizada para efeitos de conceção:

- Estimativas de ordem de grandeza
- Estimativa do estudo (estimativa fatorial)
- Estimativas preliminares( Estimativa de autorização orçamental
- Estimativa definitiva (estimativa de controlo do projeto)
- Estimativa pormenorizada (estimativa do contratante).

## 9.7- ÍNDICES DE CUSTOS

Um custo é quase um valor de índice para um determinado ponto no tempo que mostra o custo nesse momento em relação a um determinado tempo de base. Assim, o custo atual é estimado a partir do índice de custos da seguinte forma:

Custo atual / índice no momento atual˙ Custo original / valor do índice no momento do custo original

### 9.7.1- TIPOS DE ÍNDICES DE CUSTOS

São publicados regularmente muitos tipos diferentes de índices de custos. Alguns deles podem ser utilizados para estimar o custo do equipamento; outros aplicam-se especificamente à mão de obra, construção, materiais ou outros domínios especializados. Os índices mais comuns são

- Índice de equipamento de todas as indústrias e indústrias transformadoras da Marshal-and-Swift
- Notícias de engenharia registam contração do índice de custos

### 9.8- Custo total de aquisição dos principais equipamentos (PCE)

### 9.8.1- Estimativa do custo do permutador de calor

Área de transferência de calor - 37,63 $m^2$

Pressão - 62 bar

Índice de custos de 2007-111

Índice de custos de 2013-140

O material de construção do casco e do tubo é o aço-carbono. O custo de aquisição pode ser calculado utilizando o seguinte método. .

**Custo de aquisição em 2007;**

Custo de aquisição - (custo bruto da tabela) * (fator de tipo) * (fator de pressão)

Então,

Custo de aquisição em 2007- 9000*1,0*1,5

Custo de aquisição em 2007 - $13500

**Custo de aquisição em 2013;**

Como,

Custo em 2007 / Custo em 2013 - Índice de custos em 2007 / Índice de custos em 2013

Então,

Custo em 2013 -(13500*140)/111

Custo em 2013 -$17027

### 7.8.2- Estimativa de custos do separador de ciclone:

Diâmetro do separador do ciclone= 0,801716m

Altura do separador de ciclones= 3,2273 m

Índice de 2013110

Índice de 200706

O material de construção é o aço inoxidável 316L,

O custo de aquisição pode ser calculado através do seguinte método.

**Custo de aquisição em 2007;**

Como;

O custo de aquisição = (custo básico da tabela) * (fator de material) * (fator de pressão)

Então;

O custo de aquisição =7500*2*1 .0

O custo de aquisição = $ 15000 (em meados de 2007)

**Custo de aquisição em 2013:**

Custo em 2007/ custo em 2013= índice de custos em 2007/ índice de custos em 2013

Custo em 2013 = (119*15000)/96

Custo do separador de ciclone em 2013 = $ 18594

### 7.8.3- Estimativa de custo do absorvedor

Diâmetro do absorvedor=0 ,65914m

Altura do absorvedor=21 ,6185m

Índice de 2013=133

Índice de 2007= 119

Pressão= 1,0133 bar

O material de construção é o aço-carbono,

O custo de aquisição pode ser calculado através do seguinte método.

**Custo de aquisição em 2007;**

Como;

O custo de aquisição =(Custo básico da tabela) * (fator de material) *(fator de pressão)

Então;

O custo de aquisição =40000*1 ,0*1,0

O custo de aquisição = $ 40000 (em meados de 2007)

**Custo de aquisição em 2013;**

Como;

Custo em 2007/ custo em 2013 = índice de custos em 2007/ índice de custos em 2013

Então;

Custo em 2013 = (133*40000)/119

Custo em 2013 = $44706

Agora,

Custo da embalagem,

O custo de embalagem da coluna com embalagem de "Inta lox saddle" e tamanho de embalagem de "38mm" será de 1300$/m^ 3.

Volume da embalagem,

Volume da embalagem =π* 18.154/4

Volume da embalagem =14,141489m 3^

**Custo do acondicionamento da coluna**:

Custo da embalagem da coluna =1300*14,1489

Custo do acondicionamento das colunas =$18393

Custo total da coluna,

Custo total da coluna =44706+18393

Custo total da coluna =$63099

**7.9-Custo total de aquisição do equipamento (PCE):**

Custo total de aquisição do equipamento (PCE) = custo do permutador de calor + custo do separador de ciclones + custo do depurador + custo do absorvedor.

Então,

Custo total de aquisição do equipamento (PCE) =17027+18594+44706+44706

Custo total de aquisição do equipamento (PCE) = $125033

**7.9.1- Custo do capital fixo:**

| Item | | Tipo de processo |
|---|---|---|
| | | |
| **Equipamento principal, custo total de aquisição** | | PCF (fluidos) |
| | | |
| **Fi** | Montagem de equipamentos | 0.4 |
| | | |
| **F2** | Tubagem | 0.7 |
| **F3** | Instrumentação | 0.2 |
| | | |
| **F4** | Elétrico | 0.1 |
| **F5** | Processo de construção | 0.15 |
| | | |
| **F6** | Utilidades | 0.5 |
| | | |
| **F7** | Armazéns | 0.15 |
| | | |
| **F8** | Desenvolvimento do sítio | 0.05 |
| | | |
| **F9** | Edifícios anexos | 0.15 |
| | | |
| | | 2.40 |
| | | |
| **Custo total das instalações físicas (PPC)** | | |
| **F10** | Conceção e engenharia | 0.3 |
| **F11** | Honorários do empreiteiro | 0.05 |

| $^{F}$**12** | Contingência | 0.1 |
|---|---|---|
| | | 0.45 |
| | | |

Como,
Custo total de aquisição de equipamentos (PCE) = $80327As,
Custo total das instalações físicas (PPC) = PCE (1 + Fi + $F_2$ + $F_3$ + $F_4$ ++ F )$^9$
Custo total das instalações físicas (PPC) = 125033*3,40
Custo total das instalações físicas (PPC) = $425112.2
Agora, vamos encontrar o capital fixo.
Capital fixo = PPC (1 + f10 + f11 + f12)
Então,
Capital fixo = 616412,69

**7.9.2- Investimento total necessário para o projeto**

Como,
Investimento total necessário para o projeto = capital fixo + capital de exploração
Suponhamos que o fundo de maneio é 10% do capital fixo.
Agora,
Fundo de maneio = 0,10$_{333}$ Capital fixo
Fundo de maneio = O.IO3336I6412.69
Fundo de maneio = 61641,269
Então,
Investimento total necessário para o projeto =616412.69 + 61641.269
Investimento total necessário para o projeto = $678053.96

**7.9.3- FIXO^CUSTO^ ,**

Custo de manutenção = O.1O 333Custo do capital fixo
Custo de manutenção = O.IO333678O53.96
Custo de manutenção = $67805.396
Mão de obra operacional = $$^8$ 00$^{00}$ ^" t ,
Custos laboratoriais = 0,22333Mão-de-obra operacional
Custos laboratoriais = O.223338OOOO
Custos de laboratório = $176OO
Supervisão = 0,2$_{333}$ Trabalho operacional
Supervisão = O.23338OOOO
Supervisão = $16000
Custos gerais da fábrica = 0,5333Trabalho operacional
Custos gerais da fábrica =0,533380000
Despesas gerais das instalações ^$4 0$^{-000}$
Encargos de capital = 0,1333Capital fixo
Encargos de capital = 0,1333678053,96
Encargos de capital = $67805.396, , Seguros = 0.01333Capital fixo
Seguro = 0,01333678053,96
Em$^s$ seguro = $ 7$^{680\ 5396}$
Impostos locais = 0,02333Capital fixo Impostos locais = 0,02333678053,96
L$^{cal}$ .T$^{axes}$ ..= " .$^{3561}$ - "7' ...
Royalties = 0,01333Capital fixo
Royalties = 0,01333678053,96
Royalties = $6780,5396
Então,
Total de custos fixos = $1081460.54

**7.9.4- Custo variável**

Custo das matérias-primas = $100000
Material diverso = 0,1$_{333}$ Custo de manutenção
Material diverso = O.I333678O5.396
Material diverso = $6780.5396
Serviços públicos = 50000 dólares

Custo de transporte = Negligenciável
Então,
Custos variáveis = $1736660.85

### 7.9.5- Custo direto de produção

Como,
Custo direto de produção = Total dos custos fixos + Total dos custos variáveis
Custo direto de produção = 1081460.54 + 1736660.85
Custo direto de produção = $1255120.856
Agora,
Despesas de vendas = 0,3333Custos diretos de produção
Despesas de vendas = 0,33331255120,856
Despesas de vendas = $376536.25
Despesas gerais = $5000
Investigação e desenvolvimento = $10000
Total (C) = $391536.25

### 7.9. 6-Custo de produção anual

Como,
Custo de produção anual = custo direto de produção + total (c)
Custo de produção anual = 1255120,856+ 391536,25
**Custo de produção anual= $1646657.106**
**Custo de produção anual = $1646657.106** $_{3\ 33}$
**= Rs. 143259168.22**

# CAPÍTULO 10

## Estudo HAZOP

### 10.1-Introdução:

Um **estudo de perigos e operacionalidade** (HAZOP) é um exame estruturado e sistemático de um processo ou operação planeado ou existente, a fim de identificar e avaliar problemas que possam representar riscos para o pessoal ou o equipamento, ou impedir um funcionamento eficiente. A técnica HAZOP foi inicialmente desenvolvida para analisar sistemas de processos químicos, mas foi posteriormente alargada a outros tipos de sistemas e também a operações complexas e a sistemas de software. O HAZOP é uma técnica qualitativa baseada em palavras-guia e é realizada por uma equipa multidisciplinar (equipa HAZOP) durante um conjunto de reuniões.

**Perigo** - qualquer operação que possa causar uma libertação catastrófica de produtos químicos tóxicos, inflamáveis ou explosivos ou qualquer ação que possa resultar em ferimentos para o pessoal.

**Operabilidade** - qualquer operação dentro da envolvente do projeto que provoque uma paragem que possa conduzir a uma violação dos regulamentos ambientais, de saúde ou de segurança ou que tenha um impacto negativo na rentabilidade.

O objetivo desta análise do estudo HAZOP é destacar os desvios perigosos do processo, as suas causas, consequências e salvaguardas contra os mesmos. Com base neste estudo, são propostas acções corretivas e recomendações para melhorar a operacionalidade e a segurança das instalações.

Foi efectuado um exame formal, sistemático e rigoroso do processo e das facetas de engenharia de uma instalação de produção, que se centra principalmente na integridade operacional de um sistema, conduzindo assim metodicamente à maioria dos desvios potenciais e detectáveis que poderiam surgir no decurso da rotina operacional normal, do arranque ou da paragem.

**História**

A técnica teve origem na Divisão de Produtos Químicos Orgânicos Pesados da ICI, que era na altura uma importante empresa química britânica e internacional. A história foi descrita por Trevor Kletz, que foi consultor de segurança da empresa de 1968 a 1982, de onde se extrai o seguinte.

Em 1963, uma equipa de 3 pessoas reuniu-se 3 dias por semana durante 4 meses para estudar o projeto de uma nova fábrica de fenol. Começaram por utilizar uma técnica designada *por exame crítico*, que procurava alternativas, mas alteraram-na para procurar **desvios**. O método foi posteriormente aperfeiçoado na empresa, sob a designação de *estudos de operacionalidade*, e tornou-se a terceira fase do seu procedimento de análise de riscos (as duas primeiras foram realizadas nas fases de conceção e especificação) quando foi elaborado o primeiro projeto pormenorizado.

Em 1974, a Institution of Chemical Engineers (IChemE) ofereceu um curso de segurança de uma semana que incluía este procedimento no Teesside Polytechnic. Pouco depois da catástrofe de Flixborough, o curso ficou completamente lotado, tal como os cursos dos anos seguintes. No mesmo ano, foi também publicado o primeiro artigo na literatura aberta. Em 1977, a Chemical Industries Association publicou um guia.^Até essa altura, o termo **Hazop** não tinha sido utilizado em publicações formais. O primeiro a fazê-lo foi Kletz em 1983, com o que eram essencialmente as notas de curso (revistas e actualizadas) dos cursos IChem. Nesta altura, os estudos de perigos e operabilidade tinham-se tornado uma parte esperada dos cursos de engenharia química no Reino Unido.

### 10.2-Definição de alguns termos úteis:

**Nó:** Um nó é uma secção específica do sistema em que são avaliados (os desvios) os objectivos da conceção/processo. Um nó pode ser um subsistema, um grupo de funções, uma função ou uma subfunção.

**Parâmetros do processo:** Os parâmetros do processo são os parâmetros relevantes para as condições do processo. Por exemplo, pressão, temperatura.

**Palavras-guia:** As palavras-guia, ou palavras-chave secundárias, aplicadas em conjunto com uma palavra-chave primária, sugerem potenciais desvios ou problemas. Por exemplo, menos, mais, não, inverter, etc.

### 10.3-HAZOP Metodologia:

O processo de análise HAZOP é executado em quatro fases, conforme ilustrado abaixo:

- Definição
- Preparação
- Exame

#### 10.3.1- Fase de definição:

A Fase de Definição começa normalmente com a identificação preliminar dos membros da equipa de avaliação de riscos. O HAZOP destina-se a ser um esforço de equipa multifuncional e depende de especialistas (PMEs) de várias disciplinas com competências e experiência adequadas que demonstrem intuição e bom senso.l Os PMEs devem ser cuidadosamente escolhidos para incluir aqueles com um conhecimento amplo e atual dos desvios do sistema. O HAZOP deve ser sempre efectuado num clima de pensamento positivo e de discussão franca.

Durante a fase de definição, a equipa de avaliação do risco deve identificar cuidadosamente o âmbito da avaliação, de modo a concentrar os esforços. Isto inclui a definição dos limites do estudo e das principais interfaces, bem como dos principais pressupostos em que a avaliação será efectuada.

### 10.3.2- Fase de preparação:

A fase de preparação inclui normalmente as seguintes actividades:

- Identificação e localização de dados e informações de apoio
- Identificação do público e dos utilizadores dos resultados do estudo
- Preparação da gestão de projectos (ex.: marcação de reuniões, transcrição de actas, etc.)
- Consenso sobre o formato do modelo para registar os resultados do estudo
- Consenso sobre as palavras-guia HAZOP a utilizar durante o estudo

**Palavras-guia:** As palavras-guia HAZOP são elementos-chave de apoio na execução de uma análise HAZOP. De acordo com a norma IEC 61882:

" *A identificação dos desvios em relação à intenção de conceção é conseguida através de um processo de questionamento que utiliza "palavras-guia" pré-determinadas. O papel da palavra-guia é estimular o pensamento imaginativo, centrar o estudo e suscitar ideias e discussões.* "

As equipas de avaliação de riscos são responsáveis por identificar as palavras-guia que melhor se adequam ao âmbito e ao enunciado do problema da sua análise. Algumas palavras-guia comuns do HAZOP incluem:

| Palavra-guia | Significado |
|---|---|
| NÃO OU NÃO | Negação total da intenção de conceção |
| MAIS | Aumento quantitativo |
| MENOS | Diminuição quantitativa |
| BEM COMO | Alteração/aumento qualitativo |
| PARTE DE | Alteração/diminuição qualitativa |
| REVERSO | O oposto lógico da intenção de conceção |
| OUTROS QUE | Substituição completa |
| CEDO | Relativo à hora do relógio |
| TARDE | Relativo à hora do relógio |
| ANTES | Relativo à ordem ou sequência |

| DEPOIS | Relativo à ordem ou sequência |
|---|---|

O desvio em relação à conceção prevista é gerado pela associação das palavras-guia a um parâmetro ou caraterística variável da instalação do processo, como a sequência de reação dos reagentes, a temperatura, a pressão, a fase do fluxo, etc., ou seja

**PALAVRA-GUIA + PARÂMETRO = DESVIO**

### 10.3.3- Fase de exame:

A fase de exame começa com a identificação de todos os elementos (partes ou etapas) do sistema ou processo a ser examinado. Por exemplo:

- Os sistemas físicos podem ser decompostos em partes mais pequenas, se necessário
- Os processos podem ser divididos em etapas ou fases distintas
- Partes ou etapas semelhantes podem ser agrupadas para facilitar a avaliação

As palavras-guia HAZOP são então aplicadas a cada um dos elementos. Desta forma, é efectuada uma pesquisa exaustiva de desvios de uma forma sistemática. É de notar que nem todas as combinações de palavras-guia e elementos deverão produzir possibilidades de desvio sensatas ou credíveis. Regra geral, todas as condições razoáveis de utilização e utilização incorrecta esperadas pelo utilizador devem ser identificadas e, subsequentemente, questionadas para determinar se são "credíveis" e se devem ser avaliadas mais aprofundadamente. 1 Não é necessário documentar explicitamente os casos em que as combinações de elementos e palavras-guia não produzem quaisquer desvios credíveis.

### 10.3.4- Documentação e acompanhamento:

A documentação das análises HAZOP é frequentemente facilitada pela utilização de um modelo de formulário de registo, conforme descrito na norma IEC 61882. As equipas de avaliação de riscos podem modificar o modelo conforme necessário, com base em factores como

- Requisitos regulamentares
- Necessidade de uma classificação ou priorização mais explícita dos riscos (por exemplo, classificar as probabilidades de desvio, a gravidade e/ou a deteção)
- Políticas de documentação da empresa
- Necessidades de rastreabilidade ou de preparação para auditorias
- Outros factores

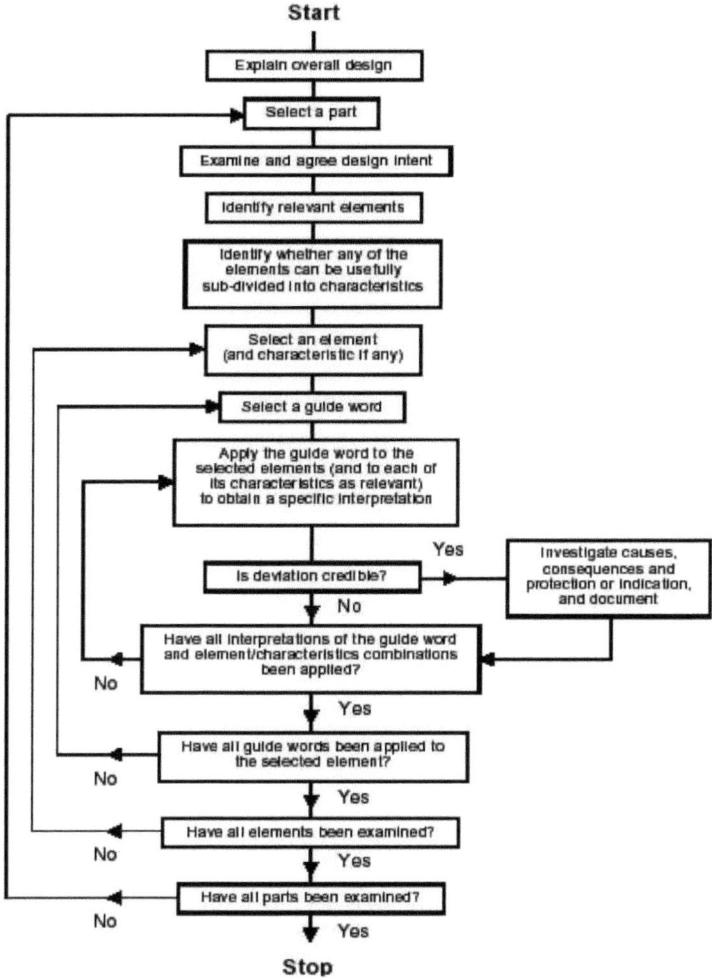


**Cuidado:**

Mesmo o HAZOP mais rigoroso não permite prever todos os perigos e acidentes que possam ocorrer no futuro.

Quando ocorre um acidente numa fábrica que foi submetida a um estudo HAZOP,

- O conjunto de condições que conduziram ao incidente foi considerado pela equipa de estudo HAZOP?
- Se esse desvio e as suas causas foram considerados, a equipa fez um julgamento razoável da frequência provável dos eventos e concluiu que era improvável que ocorressem e, portanto, representavam riscos aceitáveis?

**8.4-Precaução de segurança:**

As precauções de segurança tomadas para o funcionamento seguro de diferentes equipamentos são analisadas em seguida:

**Bombas e bombagem:**

A bombagem é efectuada através dos seguintes métodos

- Bombas
- Air
- Sifão

**Bombas:**
As bombas são de dois tipos

- Bombas centrífugas
- Bombas de Deslocamento Positivo

**8.4.1- Precaução na utilização de bombas:**

- É desejável um filtro de capacidade e eficiência adequadas no limite de sucção
- A tubagem instalada com as bombas deve estar alinhada
- As bombas e as chumaceiras do motor primário devem ser cuidadosamente verificadas quanto a uma lubrificação adequada
- No arranque de uma bomba centrífuga, é desejável que a válvula de descarga remova a carga sobre o motor e que esta válvula não seja aberta até que o motor tenha atingido a velocidade
- Antes de pôr em funcionamento bombas de movimento alternativo ou de outro tipo, é necessário garantir que as válvulas do lado da aspiração e do lado da descarga das bombas estão abertas.

**8.4.2- Precauções de segurança na transferência de calor**

- Na operação de transferência de calor, diferentes materiais acumulam-se na superfície de transferência de calor, pelo que a eficácia do equipamento de transferência de calor diminui com o passar do tempo.
- Quando a transferência de calor é muito rápida, a redução da transferência de calor leva à formação de pontos quentes e, eventualmente, à destruição e amolecimento desses pontos quentes, por pressão dentro do equipamento de transferência de calor.
- Deve ser criado um método eficaz de verificação constante para assegurar que a superfície efectiva de permuta de calor não foi reduzida abaixo de um valor seguro. Para este efeito, são instalados termómetros e manómetros à entrada e à saída do equipamento.
- No caso dos fornos, são tomadas as seguintes medidas de segurança
  a) Alarme visível ou sonoro para detetar a existência de condições perigosas
  b) Abastecimento de combustível com corte automático
  c) Fechar as portas corta-fogo
  d) Alertar o sistema de prevenção de incêndios
  e) Arranque do sistema de ventilação auxiliar
- A função do permutador de calor é controlar um processo reativo e, no caso de um reator, é necessário, para um funcionamento estável, que a remoção de calor equilibre exatamente o calor da reação. A produção de calor de uma reação exotérmica é exponencial com o aumento da temperatura, enquanto a capacidade de remoção de calor varia linearmente com a diferença de temperatura entre a água de arrefecimento e o material em reação. Existe um estado crítico acentuado nos reactores que não é apreciado.
- Outras dificuldades surgem quando
  a) A queda de temperatura na superfície de arrefecimento é grande
  b) O material de manuseamento é viscoso
  c) Agitação insuficiente
- Devido a estas condições, pode existir um gradiente de temperatura no interior do reator e, se este gradiente for até IOC, a taxa de reação no centro do reator será duas vezes superior à reação junto às paredes.
- Como os termómetros são instalados em posição fixa nos reactores, o gradiente radial de temperatura pode não ser observado e a temperatura indicada pode estar muito longe da temperatura média existente. Esta situação pode ser perigosa.

**1.1.3- Precauções de segurança no manuseamento de materiais inflamáveis:**

- Os equipamentos em que são utilizados materiais inflamáveis devem ser cuidadosamente considerados para evitar a possibilidade de relação com fontes de ignição e bolsas de vapor.
  - Uma vez que os vapores de quase todos os líquidos inflamáveis são mais pesados do que o ar, podem deslocar-se ladeira abaixo, atingir a fonte de ignição e regressar à origem sob a forma de uma folha de chamas. Os diques construídos à volta das cisternas para evitar a propagação de derrames de líquidos podem reter um manto de vapor inflamável.
  - Os tanques de teto flutuante têm a vantagem de eliminar o espaço de vapor acima do líquido e são importantes quando o equilíbrio líquido-vapor resulta em misturas inflamáveis à temperatura ambiente.
  - Os equipamentos à prova de explosão com caixas e aberturas de ventilação fisicamente resistentes são concebidos de modo a
    para evitar a rutura das caixas em caso de explosão interna e a chama seria efetivamente extinta nos respiradouros.

- Em áreas perigosas, a cablagem é fechada em condutas e os vedantes impedem a passagem de gás ou vapores para as caixas de operação.
- Os equipamentos que produzem faíscas são proibidos, exceto em casos aprovados.
- Foram sugeridos equipamentos eléctricos seguros para determinadas utilizações, nomeadamente para instrumentos.

### 1.1.4- Precauções de segurança para os reactores:

Qualquer pessoa que entre num reator que contenha catalisador usado e que, por conseguinte, possa conter alguns hidrocarbonetos e ácido sulfúrico, juntamente com possíveis depósitos de sulfureto pirofórico, deve seguir todas as precauções e regulamentos de segurança padrão prescritos que se aplicam e há uma série de precauções adicionais que se aplicam e que não devem ser negligenciadas.

- É necessário isolar o reator, como um edifício, para excluir todas as fontes de hidrocarbonetos, hidrogénio, ar, etc.
- As pessoas que entram no reator devem estar equipadas com máscaras de ar fresco
- Deve estar disponível uma reserva de ar separada, independente da energia eléctrica, pronta para utilização imediata e transferência para o homem no reator.
- A presença de dois homens no bocal de passagem é necessária para a vigilância contínua da ação do homem no reator.

Perto do bocal de saída de homem aberto, instalar um motor de ar fora do reator para varrer

- os vapores que saem do reator.
- Toda a purga de azoto através do leito do catalisador deve ser descontinuada antes da entrada no reator.

### 8.5- Resultado doHazop:

Após a conclusão do estudo Hazop, os resultados prováveis são os seguintes

- Algumas melhorias no funcionamento/manutenção, programadores de controlo e instruções que podem já ter sido implementadas, juntamente com pequenas alterações de hardware, terão sido postas em prática como parte do estudo.
- Algumas alterações propostas podem aguardar o resultado de uma avaliação quantitativa mais pormenorizada.
- As principais recomendações ainda não foram implementadas, muito possivelmente aguardando sanção.
- Os membros da equipa já terão uma melhor compreensão do plano/processo e uma melhor apreciação dos potenciais perigos e riscos do que se o estudo não tivesse sido realizado.

### 8.6- Benefícios daHAZOP:

As circunstâncias em que as HAZOP são susceptíveis de produzir benefícios são

- Durante o projeto de instalação de qualquer nova fábrica ou processo ou de uma modificação importante de uma fábrica existente
- Quando existem novos riscos, tais como riscos ambientais e problemas de qualidade ou de custos associados ao funcionamento
- Na sequência de um incidente grave que envolva incêndio, explosão, libertação de substâncias tóxicas, etc.
- Justificar a razão pela qual não se deve seguir um determinado código de práticas, uma nota de orientação ou um código do sector.

### 8.7- Conclusão:

As HAZOP são uma ferramenta essencial para a identificação de riscos e têm sido utilizadas com êxito para melhorar a segurança e a operacionalidade de instalações químicas novas e existentes. Esta técnica não se limita às indústrias química e farmacêutica e tem sido utilizada com êxito em várias outras indústrias. indústrias, incluindo as indústrias petrolífera e alimentar off-shore.

# Referências

Manassass, VA. "Goal at Glance" O Projeto Necessidade.
www.need.org/needpdf/infobook_activities/Seclnfo/CoalS.pdf.
Gupta, O.P. "Elements of Fuel, Furnace and Refractories" Khanna Publishers.
Speight, J.G. "Handbook of Coal Analysis" Wiley-lnterscience, 2005 ISBN.
www.worldcoal.org/resources/coal-statistics.
http://en.wikipedia.org/wiki/Pakistan_Coal_Mines_and_Resources.
"Thar Coal Resources-Whit Paper" Departamento de Minas e Minerais, Governo de Sindh
www.sindhmines.gov.pk/pdf/Thar%20Coal%20White%20Paper.pdf.
Charleston, W.V. "Goodman engineering handbook for coal mine operators, managers" (Manual de engenharia Goodman para operadores e gestores de minas de carvão)
**Higman, C. e Burgt, M. "Gasification" Gulf Professional Publishing.**
Thar Coal Energy Security.pdf Departamento de Minas e Minerais, Governo de Sindh
Thar Coal Power Generation.pdf Departamento de Minas e Minerais, Governo de Sindh
Thar Coal Resources-brochure.pdf Departamento de Minas e Minerais, Governo de Sindh
Thar Coal White Paper.pdf Departamento de Minas e Minerais, Governo de Sindh
Thar Coal Energy Security.pdf Departamento de Minas e Minerais, Governo de Sindh
Thar Coal Power Generation.pdf Departamento de Minas e Minerais, Governo de Sindh
Thar Coal Resources-brochure.pdf Departamento de Minas e Minerais, Governo de Sindh
Thar Coal White Paper.pdf Departamento de Minas e Minerais, Governo de Sindh
Sinnot, R.K. "Chemical Engineering Design, Coulson and Richardson's Chemical Engineering" Volume-6, $4^{th}$ edition.
Peter, M.S. e Timmerhaus, K.D., "Plant Design and Economics for Chemical Engineering" $4^{th}$ Edition.
Perry, R.H., e Green, D.W. "Perry Chemical Engin eering Handbook" $6^{111}$ edition.
Mecketta, J.J., Weismantel, G.E. "Encyclopedia of Chemical Process and Design",
Smith, C.A, e Corripio, A.B.". Principle and Pract ice Automatic Process Control "$3^{rd}$ edition.
Stephanopoulos, G," Chemical Process Control", Pears on Prentice Hall .New Delhi India 2007.
Kletz e, Trevo,". *Hazop e Hazan"* 4ª edição.
Brian,T., Crawle, M., " *HAZOP: Guide to Best Practice"* . IChemE, Rugby

Printed by Books on Demand GmbH, Norderstedt / Germany